酒店經理的溝通藝術

程新友 著

目　錄

前言

　　酒店經理如何透過有效的溝通，獲取酒店內部員工及賓客的更多的支持？為何抱持良好的溝通願望，卻「溝而不通」？如何消除溝通的障礙，建立起酒店裡的「溝通文化」？有效溝通的最重要原則是什麼？最有效的溝通方法又是什麼？所有答案盡在本書中。

　　在酒店行業，酒店與賓客之間、上級與下級之間、部門與部門之間都需要彼此溝通，互通訊息，互相理解。溝通從一定意義上講，就是管理的本質。管理離不開溝通，溝通滲透於管理的各方面。一位心理學家曾經說過：「我們每一個人都有與他人溝通的需要，人們可以利用溝通克服孤獨的痛苦，同時也可借此與他人分享思想與感情。」因此，溝通是心靈的對話，是情感的交流，是訊息的互換。我們要以心交心、以情動情，平等待人、真誠待人，這樣才能真正地溝通，才能實現人際的和諧。在任何一個企業中，溝通每時每刻都在影響著組織的發展，企業裡70%的問題是由於溝通協調不力造成的，溝通能力是現代酒店經理取得職業生涯成功的必備能力。本書透過對最新溝通理論的系統分析並結合現代酒店行業的特點與實踐，總結提煉出一套完善、系統、有效的溝通體系，解決上行溝通、下行溝通及平行溝通的問題。

　　要做一名成功的酒店經理，就一定要學會有效溝通。本書不僅幫助您掌握溝通的實用技巧，更重要的是運用本書所提及的理念與方法，身體力行，將會有助於您進一步與您的客戶及酒店全體員工建立良好的關係；在團隊建設中營造良好的溝通氣氛，增強團隊凝聚力與向心力，促使員工把個人目標與企業目標有效地結合在一起，提升團隊戰鬥力，實現企業效益的突破！

程新友

第一章 溝通的目的和問題

本章重點

● 正確認識溝通

● 溝通的目的

● 溝通的問題

正確認識溝通

溝通的定義

21 世紀，一名成功的酒店經理，不僅需要具備應對挑戰的學習和創新能力，還要具有優秀的溝通能力，能夠正確處理職能部門之間的關係，贏得成功所需的良好人際關係。

我們在酒店的日常管理工作中，幾乎大部分時間都在以不同的形式進行溝通。那麼，究竟什麼是溝通呢？

溝通是指兩個或兩個以上的人或群體，透過一定的連結渠道，傳遞或交換各自的意見、觀點、思想、感情和願望，從而達到相互瞭解、相互認知的過程。簡單地說，溝通就是兩個或兩個以上人員之間訊息傳遞和相互理解的過程，由訊息的發送者、發送的具體訊息及訊息的接收者組成。

在酒店管理的溝通中，按性質分，有組織溝通和個人溝通；按溝通的對象來分，可以分為與賓客的溝通、與上級的溝通、與同級的溝通、與下級的溝通等。

溝通的作用

戴爾•卡內基認為，一個人的個性和有效說話的能力，在許多情況下，比哈佛的文憑更加重要。能夠站在眾人面前從容不迫，侃侃而談，將使你前途無量。

因此，我們說溝通不論是在我們的生活還是工作中都具有相當重要的地位，溝通能夠消除誤會，減少摩擦，化解矛盾，避免衝突；溝通能使團隊發揮最佳功效；溝通還能夠集思廣益，增強團隊凝聚力，是團隊建設的法寶。

特別提醒

一個人的個性和有效說話的能力，在許多情況下，比哈佛的文憑更加重要。能夠站在眾人面前從容不迫，侃侃而談，將使你前途無量。——戴爾•卡內基

溝通是酒店管理中最為重要的管理活動

酒店經理透過各種方式的溝通，來明確自己的工作要求、戰略計劃、實施方案，透過溝通與其下級交換意見，達成共識，並且以明確的工作目標為導向激勵團隊成員高效率地完成工作。

溝通是酒店經理激勵成員，實現主管職能的基本途徑

酒店經理為了實現酒店的季度、年度目標，為了促進酒店的服務質量提高，往往會採取相應的措施來促使員工提高工作績效，使員工能夠以最大的工作熱情來完成本職工作。而最為常用的管理措施與手段就是熱情的鼓勵、坦誠的交談，透過有效的溝通來實現管理目標。

溝通可以化解分歧，解決衝突，統一觀點

在酒店管理團隊中，各種管理風格、管理類型的人員在職位上都發揮著重要的作用。他們有的屬於開拓型的管理者，有的是保守

型的管理者，不同的管理風格與任務分工往往會產生一些工作分歧，甚至發生衝突，只有透過溝通、討論、協調才能夠相互理解，達成共識。一味地我行我素或者妥協退讓，都不能達成良好的溝通效果。團隊中的成員要以團隊的眼光來看問題，才能有效地化解分歧，解決衝突，統一觀點。

思考

你自身是哪種類型的管理者？你的下屬又是哪些類型的管理人員？你們溝通順暢嗎？

溝通能夠有效地消除誤會與衝突，增進信任

在酒店管理團隊中，因為成員的學識、性格、經歷、能力等諸多方面的差異，在工作的過程中，對團隊目標的理解、對訊息掌握的程度等都會有所不同，彼此之間存在誤解也是在所難免的。有效的溝通不但能夠消除誤會與衝突，而且能夠加深彼此之間的理解，促使成員之間相互交流意見，統一思想，達成共識，加強信任，有助於建設良好的人際關係。

溝通使訊息傳遞渠道順暢，從而實現及時有效的訊息傳遞

訊息傳遞不暢通，則會導致上下級之間的關係緊張，同事之間的矛盾衝突升級；上級的命令無法及時下達到下級，下級的建設性意見無法反饋給上級。上情下達暢通，下情傳遞及時，有賴於團隊的有效溝通。

案例 改善關係用讚美

在同一家酒店工作的小張和小孫素來不和，兩個人的關係很僵。有一天，小張忍無可忍地對另一個同事小洪說：「你去告訴小孫，我真的受不了她，請她改一改她的壞脾氣，否則沒人願意答理她！」同事小洪很樂意地說：「好，我會處理這件事。」

後來小張遇到小孫時，小孫是既和氣又有禮，與從前相比，簡直判若兩人。

於是小張便向小洪表示謝意，並且好奇地問：「你是怎麼說的？竟有如此的神奇效果？」

小洪笑著說：「我跟小孫說：『有好多人稱讚你，尤其是那個小張，說你既溫柔，又善良，而且脾氣好、人緣更佳！』如此而已。」

其實我們在同一家酒店工作，作為同事，如果彼此之間缺少真誠的溝通，就會相互猜疑，只會看重自己的價值，而忽視他人的價值。對待同事的不足，有時候背後的讚美比正面的批評更有效果。良好的溝通，不僅可以消除人與人之間的矛盾，加深理解，達成共識，更會讓人與人的心靠得更近，關係更加緊密。

程老師建議

◇ 沒有溝通就沒有管理。

◇ 溝通是酒店管理中最為重要的管理活動。

◇ 優秀的酒店經理一定是最好的溝通者。

◇ 有效的溝通可以消除人與人之間的障礙，加深理解，達成共識，建立良好的人際關係。

溝通的原則

有明確目標

我認為，溝通是為瞭解決一個既定的問題，需要透過雙方的協商交流，以達成雙方均能接受的結果。因此，溝通的雙方要有明確的目標，才能逐步地深入交流，破解問題的癥結，最終解決問題。

要維護自尊

溝通要建立在維護溝通雙方人格與尊嚴的基礎上，溝通不是低聲下氣，委曲求全，甚至喪失尊嚴。溝通的雙方要相互尊重，要多從對方的角度去思考，以促成達成共識。

有時間約束

溝通不是聊天，聊天可以漫無目的、天南地北，可以是促膝長談，而溝通則不盡然。如果一次溝通歷時過長，那麼，溝通的效果會適得其反。溝通要儘可能地避免繁雜冗長，表達要簡潔明了，緊扣主題，才能獲得良好的溝通效果。

要重視細節

溝通並不僅僅只是語言上的一次次你來我往，還包括非語言等細節上的表現，一個眼神、一個手勢就包含了很多豐富的深意，我們需要「識趣」地針對這些細節做出一些溝通方式上的調整。

要積極傾聽

傾聽是一門藝術，有效的溝通總是首先透過傾聽來實現的。透過傾聽來瞭解對方的觀點、態度等，使溝通雙方相互理解，相互尊重，從而促進溝通更好地進行。

要達到目的

溝通的最終結果是達成雙方均能夠接受的方案，獲得使雙方都較為滿意的答案。我們的溝通不能不了了之，而是要以圓滿的結果作為溝通結束的句號。

案例

一位表演大師在上場前，他的徒弟告訴他鞋帶鬆了。大師點頭致謝，蹲下來仔細把鞋帶繫好。等到徒弟轉過身去，大師又蹲下來將鞋帶解鬆。有個旁觀者看到了這一切，不解地問：「大師，您為什麼繫好了鞋帶又要把它解鬆呢？」大師回答道：「因為我飾演的

是一位勞累的旅者，長途跋涉讓他的鞋帶鬆開，可以透過這個鞋帶表現他的勞累憔悴。」「那你為什麼不直接告訴你的徒弟呢？」「他能細心地發現我的鞋帶鬆了，並且熱心地提醒我，我一定要保護他這種熱情，及時地給他鼓勵，至於為什麼要將鞋帶解鬆，將來還會有更多的機會教他，可以留待下一次再說。」

案例中，大師選擇用另一種方式去鼓勵徒弟溝通，在溝通中充分尊重徒弟的意見。與人交往，最重要的是溝通，只有真正做到鼓勵溝通，才能夠做到無障礙溝通。

溝通的目的

陳述事實，溝通訊息

管理者往往透過收集訊息、傳遞指令、分解工作任務來發布指令，溝通必然伴隨著訊息的交換，那如何才能獲取有效的訊息呢？最重要的是我們得摸清對方的真實意圖，捕捉他人最強烈的願望。正所謂知己知彼，百戰不殆。只有當你真正瞭解對方的目的，才能更好地陳述事實，溝通有無。

獲取訊息，促成行為

透過有目的的、有針對性的溝通，可以使溝通雙方獲取自己所需要的訊息，使溝通雙方的觀點和意見達成一致，進而形成統一的計劃，促使雙方能夠為同一目標採取行動。這些行動可以是命令的執行，可以是問題的解決，也可以是團隊目標的完成。

表達情感，產生共鳴

我們常常把訊息溝通作為交往的工具，進行情感的交流，建立一種和諧穩定的人際關係。

同樣的一件事情，你對甲說，甲會全神貫注；對乙說，乙卻顧左右而言他。如果我們只顧表達自己的情感，只想使別人對自己的話感興趣，我們就不可能實現有效的溝通，難以使溝通雙方產生共鳴。所以，我們首先得找到雙方情感的契合點，設法打開對方的話匣子，投其所好，這樣才能更好地溝通，更好地表達自己的情感，產生共鳴。

建立關係，改善績效

人與人之間的關係是靠彼此之間的溝通維繫的。雖然忠言逆耳利於行，但是逆耳的話終究不能夠被大多數的人認可，與人之間的溝通也正是如此。我們得以溫和、友善和讚賞的態度去與他人建立友善的關係，建設性地向對方提出建議，先讚賞對方的進步，再指出需要完善之處，這樣才能夠激發對方的進取心，提高效率，改善工作績效。

有效反饋，控制行為

溝通是酒店經理進行有效管理的重要手段之一，領導者透過有效的溝通、及時正確的反饋，可控制員工的工作行為，指導員工完成工作任務。與賓客有效溝通，虛心接受賓客的反饋意見，才能夠發現賓客的真正需求，提高服務質量，贏得賓客的讚賞。

被人理解，理解他人

透過溝通達成相互之間的理解，使雙方密切配合，默契合作。被人理解是快樂的，理解他人是具有成就感的，善解人意的人是受歡迎的。

案例

音樂家海頓年輕時很窮，為了生活，他不得不受聘於匈牙利的貴族。他的樂團長期住在這位貴族的別墅中為達官顯貴表演。團員們實在受不了了，就想回家住一段時間，但又怕丟掉飯碗。

海頓左思右想，終於想到了一個辦法。他寫了一首新交響樂。這場演出獨具匠心：在每個演奏者面前放了一支點燃的蠟燭。樂章前段，所有的演奏者都參加，可到了後段，演奏者逐漸減少。每一位演奏者離開都吹滅自己面前的蠟燭。隨著樂器演奏者的逐漸減少，這首樂曲愈發顯得淒涼，憂傷的氣氛感染了全場的所有觀眾。最後，臺上只剩下小提琴演奏者獨自拉著淒愴的曲調。演奏結束，海頓告訴大家，這首曲子叫做《告別交響樂》。

案例中，海頓運用了自己所擅長的音樂來告訴上級自己所要表達的意思。管理者想要達到自己溝通的目的，應該選擇適合自己和對方的溝通方式，運用巧思，注意細節，讓對方理解。

程老師建議

◇ 溝通的作用不僅僅侷限於酒店管理的內部，也適用於酒店與各方的關係。

◇ 溝通是上下級之間最為重要的橋樑。

◇ 溝通是管理者進行有效的激勵，以提高員工績效的手段。

◇ 酒店要及時瞭解外部環境，以求得生存之道

——瞭解競爭對手的情況；

——瞭解供應商的情況；

——瞭解政府職能部門的相關政策；

——瞭解賓客的消費需求和動向。

◇ 酒店要以正確的溝通方式來獲得賓客的青睞。

溝通的問題

與賓客溝通的問題

沒有真正瞭解客人的需求

客人來到酒店消費往往是有多種需求的，不管是對於酒店服務質量的需求，還是對環境的需求，我們可以歸結為五大需求：對於乾淨的需求、對於舒適的需求、對於方便的需求、對於安全的需求、對於尊重的需求。相對來說，對於尊重的需求是最為重要的。

特別提醒

客人的五大需求：

乾淨，舒適，方便，安全，尊重

客人來到酒店，就有一種優越感，希望能夠得到人格上的尊重——尊重自己的意願、尊重自己的習慣、尊重自己的朋友、尊重自己的個人隱私等等。我們酒店經理人一定要高度重視客人受尊重的需求，要放低姿態，學會把「對」讓給客人，滿足客人的優越感。

推銷技巧欠佳

語言是一種藝術，營銷也是一種藝術，不同的推銷技巧會帶來不同的效果。我們在酒店管理中經常會碰到這樣一些服務生向客人推銷酒水，一種是「您好，請問您用飲料嗎？」，第二種是「您好，請問您用什麼飲料？」，而第三種問法「您好，請問您需要啤酒、飲料、咖啡還是茶？」。顯然，第三種問法是選擇性問法，為客人提供了幾種不同的選擇，客人很容易在服務生的引導下選擇其中的一種。運用這樣的語言技巧，可以達到事半功倍的效果，大大提高推銷的效率。

客人進店我們要注意觀察客人的言行舉止，根據客人的消費習慣、消費能力、消費動機來推銷不同的產品，尤其是要根據消費的

事由，如果是談生意的，那麼，不管是菜餚還是酒水都要選擇高檔的，這樣可以滿足主人的「面子」心理；反之，如果你向家庭聚餐的客人推銷高檔的酒水，效果就不理想。再如，當你向消費水平高的賓客推銷香菸時，「您好，請問您需要一包硬中華還是軟中華？」或者說：「您好，要不您來一包軟中華？」後一種的提問方式更加能夠顧全主人的「面子」心理，是有效的推銷。

處理賓客投訴技巧不夠

當賓客遇到令他不滿意的事情時，比如服務人員的態度不好，比如菜餚不新鮮等問題，我們要及時合理地予以解決。欠缺溝通技巧的人，不但不會安撫客人，反而「火上澆油」，造成賓客與酒店更大的矛盾。

服務僵硬

現代酒店服務管理往往要求服務流程規範化，任何細節方面都表現得高雅嚴謹、一絲不苟，但是，有時也是在無形中給客人一定的壓力，規範化的服務讓客人感到親切感不足，會讓一些客人感到拘謹不適。酒店應該透過恰當的培訓、指導，使員工在遇到一些特殊情況時能夠根據賓客的需求為其提供相應的服務，提供個性化的服務，而並非「死腦筋」，固執刻板地執行「規範」。

解決問題能力不足

一些酒店管理人員，由於管理經驗不足，應對一些突發事件表現得不夠理智，比如說一些較為棘手的客人投訴事件。

案例

客人點了「路易十三」這種昂貴的名酒以後，在結帳時發現酒錢昂貴，拒絕付帳。酒店服務生差點和客人吵起來，因為客人不付帳就要服務生自己貼補，所以一定要求客人付帳。酒吧領班於此束手無策。大廳副理接到投訴，他的處理方式是將一部分酒錢放到房

費裡，餘下的酒錢同行的客人再分擔一些。

這樣的處理方式，既不使酒店蒙受損失，又使客人的利益不受損失，因為房費是可以由公司報銷的。

透過以上的事例，我們認為酒店管理人員解決問題的能力需要不斷地提高，從而能夠為酒店增創效益，也能夠巧妙地為賓客排憂解難。

內部訊息傳遞不規範、不及時

客人進店以後需要酒店各個部門之間及時地進行交流、溝通；後道部門為前道部門服務，前道部門為後道部門提供賓客訊息，使酒店整個部門都知道服務的對象是誰，為其服務什麼。

例如，客人在預訂客房的時候同時也預訂了當晚的一間用餐包廂，如果櫃台沒有及時與餐飲部進行溝通的話，餐飲部可能就不瞭解當晚的預訂，會導致出現客人到達餐廳時沒有包廂供其使用的尷尬局面。

思考

你的酒店員工與賓客溝通中是否存在以下問題：

——與客人爭論是非曲直；

——問客人開放性的問題，而不是選擇性的問題；

——固守規範，不會察言觀色。

與上級溝通的問題

沒有瞭解上級的心理

與上級的溝通，中國人講究一個「悟」字，對於主管的講話要慢慢去領會，深刻理解話中之深意。主管由於其所處位子的特殊性並且受到「中國式」領導風格的影響，一些話中的深意含而不露，

需要下級去慢慢體會其中的深味。

中國式的上下級之間往往會存在很微妙的關係，這些關係涉及到酒店的年度目標、涉及到酒店的服務質量、涉及到對待客人的態度等等。與上級溝通，要深諳官場之道，瞭解主管所處的位子，仔細分析當時的情境，去理解上級的心理。

案例

有一個富翁對僕人說：「茄子增進食慾，是個好東西。」僕人於是說：「難怪它戴著一頂皇冠。」幾天以後，富翁又說：「茄子倒人胃口，還生痰，是壞東西。」「是啊！」僕人又說，「難怪它頭上長著刺的呢。」富翁不滿意了，「前天你說茄子是好東西，今天卻說他是壞東西，什麼意思？」僕人說：「我該怎麼說呢，我是老爺您的僕人，而不是茄子的僕人啊！」

本案例中的僕人沒有完全瞭解上級的心思，只是盲目地隨從。在工作中，與上級溝通要瞭解上級的心理，不要懾於對方的威勢，不要一味討好上級，只會順著上級說話的員工一定不是好員工。

報喜不報憂

報喜不報憂，顧名思義就是向上級報告高興的事情，不報告憂愁的事情，究其實質還是主管愛喜不愛憂的必然結果。基層管理階層是「只彙報喜而迴避憂」，中層管理階層是「報喜而隱瞞憂」，高層管理階層是「誇大喜而竭力隱藏憂」。訊息如此層層「過濾」，必然導致訊息交流不暢通，「報喜不報憂」所產生的訊息溝通「甜蜜化」，喪失了溝通傳遞訊息、實施管理的根本職能。

對上級有心理障礙

我們一些酒店經理人，尤其是一些年輕的經理人，因為酒店的職位晉陞制度、獎勵制度、職業生涯規劃等原因而使其對職位工作的熱情遞減、產生消極情緒，認為其職業抱負、職業理想得不到實

現，從而對於上級的指令、政策實施等，無法從心理上認可，這也是酒店行業存在極大變動性、酒店從業者常常離職以求得發展的根本原因。

由日積月累的小問題所形成的大問題往往會導致很多職業經理人最終決定「跳槽」。一些心理上的障礙如果得不到很好的解決，終將無法實現良好的溝通，下屬的價值不能充分體現，職業經理人的離職不僅是酒店人才的流失，也往往會導致客戶的流失，從而給酒店帶來重大的損失。

服從意識淡薄

酒店中層管理者往往具有雙重身份，首先他是一個上級，是基層員工、基層主管的上級，擔負著主管一個團隊的責任；同時，他作為一個下級，要服從上一級主管的命令，執行上級的政策。由於角色的轉換、職位職責與職位權力等因素，中層管理者往往對於自己的定位會產生模糊認識。

隨之而來的模糊問題也關乎其是命令的發布者還是命令的執行者，當其認為自己有足夠的能力來指揮與控制團隊的時候，往往「越俎代庖」超越自己的權限去實施管理，有忽略上級命令、服從意識淡薄的傾向。

語言表達能力欠佳

上級在發布指令的時候常常因為口齒不清、指令陳述不夠全面、會議精神沒有明確表述等原因，使下級對上級意思的理解不夠全面正確，導致下級在執行命令過程中曲解上級的意思，或者抓住上級在語言上的漏洞而在執行命令時偷工減料，甚至出現違紀、違法行為，以致於給酒店的效益與聲譽帶來嚴重的影響。

為此，作為上級，要正確使用語言，正確表述意思，以明確的語句來陳述事實、發布命令、給下級指導。

錯誤對待上級的錯誤

因為上級往往要承擔更多的責任，上級同樣會遇到難以解決和取捨的問題，有時甚至也會犯錯誤。這個時候，作為下級，你要學會理解上級，從內心去體會上級的處境和難題，進而來幫助上級解決困難，走出心理困擾，而不是袖手旁觀，更不能幸災樂禍。

對於上級的意思以偏蓋全、斷章取義，對於上級的錯誤加以指責、推卸責任、冷嘲熱諷、落井下石，都不是正確的做法。

思考

你是否不能向上級表達自己的不同意見，太多的時候「順情說好話」？

你是否怕與上級談心？

你是否懷疑上級的能力？

你是否對上級心存抱怨？

與同級溝通的問題

職責不明，互相推諉扯皮

部門與部門之間總是存在著很多工作界定模糊區，哪些事情歸餐飲部管，哪些事情歸前檯部管，哪些事情又是客房部的，當這些部門之間的職責範圍出現「盲區」的時候，部門之間就會相互推諉扯皮，相互推卸責任，以求保全自身。

案例 互不相讓掉下橋

有一條大河，河水波浪翻滾。河上有一座獨木橋，僅用一根圓木搭成，橋很窄。有一天，兩隻小山羊在橋中間相遇了，但因橋太窄，橋上容不下兩隻小山羊同時過河，其中的一隻必須退回去，給對方讓路，等一會兒自己再過去，可是這兩隻羊誰也不肯相讓。結

果兩隻羊在橋上頂撞打起架來，雙方互不示弱，拚死相抵，最終雙雙跌落下橋，被河水沖走了。

當你在與人相處時，尤其是與對方發生利害衝突時，究竟是一味地固執己見，爭強鬥勇，還是相互體諒，容忍謙讓，化解衝突，排除矛盾呢？相信從這個案例中，你一定會做出明智的選擇。同時，還會在自己的人生道路旁豎立一塊醒目的警示牌——退一步海闊天空，在與人交往時，要懂得忍讓和退步。一味與他人爭勝、「固執」，不但無法達成目標，甚至還會失去很多。

服務意識不到位

酒店業作為服務行業，需要為賓客提供全面服務。服務質量一環扣著一環，無論哪個環節出了問題，都會影響客人對飯店的評價。

前線的服務人員是作為一線的、擁有專業技能的人員與賓客直接接觸，為賓客提供服務，而作為後臺的管理人員，是為一線服務人員提供對客服務而存在的。所以，前後臺、各部門之間並不存在誰的功勞大一些，誰的付出多一些，職位有高低，分工無大小，只是分工的不同，同級人員之間的密切合作應該是建立在相互尊重與信任的基礎上的。

本位主義嚴重

所謂本位主義就是為自己所在的小團體打算而不顧整體利益的思想作風或行為。本位主義嚴重的人缺乏大局觀念和全局意識，考慮問題時往往以小團體為中心，無論利弊得失都站在局部的立場上，為了維護少數人的利益而忽視整體利益，嚴重的甚至不惜損害酒店整體利益而換取部分人的私利。

在酒店中，本位主義容易氾濫，管理者必須予以高度關注。

個人本位主義

個人本位主義主要表現為酒店管理者為了自己的利益，違反酒店的規定收取回扣、提成等情況。另一種是只考慮自己的工作任務完成而不管其他成員的工作狀況。

部門本位主義

部門本位主義主要是部門的員工往往將本部門出現的問題轉移或者推諉給其他部門，給其他部門造成困擾，這樣的後果必然導致酒店整體的績效受到影響。

案例 三隻偷油吃的老鼠

有三隻老鼠一同去偷油吃，爬到油缸沿一看，油缸裡只剩下一點點油在缸底了，而且缸實在太高，誰也喝不到油。於是它們想出辦法：一個咬著另一個的尾巴，吊下去喝，第一隻喝飽了，上來，再吊第二隻去喝……

第一隻老鼠最先吊下去喝，它在下面想：「油只有這麼一點點，今天我算幸運，可以喝個飽。」第二隻老鼠在中間想：「下面的油是有限的，假如讓它喝完了，我還有什麼可喝的呢？還是放了它，自己跳下去喝吧！」第三隻老鼠在上面想：「油很少，等它倆都喝飽了，還有我的份嗎？不如放了它們兩個，自己跳下去喝吧！」於是，這兩隻老鼠都自己搶先跳下去。結果三隻老鼠都落在油缸裡，永遠也逃不出來了。

三隻老鼠是同一條船上的「人」，如果相互之間不信任，各自打著自己的算盤，那麼，就會翻船，案例中三隻老鼠都只能命喪油缸。

處理問題不就事論事

溝通是為了解決問題，透過相互之間的磋商、交流來使溝通雙方之間達成一個滿意的結果，但是我們有些酒店經理人在溝通的時候，總是會牽涉出很多其他的問題，甚至是陳芝麻爛穀子的事情都

會搬出來說，有時還會針對他人的人格尊嚴等，而並不是根據相應的問題就事論事。

容易發生矛盾與衝突

同事之間的一些問題往往並不可以用命令指揮的方式來解決，矛盾越積越多，一些看似很簡單的問題也會被不斷地擴大化，矛盾引發的衝突導致同事關係不和諧，有效溝通無法實現，這些問題最終因為得不到解決而引起後續的更多問題。

不主動坦誠

同事之間往往存在著一些利益衝突，因為這些利益關係而導致同事之間不會坦誠溝通，甚至使用一些小伎倆，隱瞞相關的訊息、欺騙相關的訊息傳遞者，讓利益相關者得不到相應的訊息，從而使酒店內部的一些訊息溝通不及時、不暢通，訊息渠道堵塞。

案例

一位業務經理跟廠長說：「廠長，這個訂單幫我插個單吧！」插單，就是在生產計劃中，臨時來了一個訂單把它插進去。

廠長不能夠接受，說：「這樣插來插去，亂七八糟的，這個工廠還能幹什麼？」

業務經理說：「廠長你不想插，我也無所謂，公司都不在乎，我也不在乎，反正你看著辦。」說完扭頭就走了。

廠長心裡就想：「跟我來這套，我就不插！」

而另外一個業務經理也要插單，於是說：「廠長，我剛剛坐上這個職位，好不容易搶到一個單子，看起來是個小單子，但對我來講是拼了老命才拿下來的。廠長，我知道您的工作很忙，下個禮拜您分別每天有兩個小時的空閒，您看您能不能用您其中的幾個鐘頭幫我做完這單工作？」

廠長猶豫，經理於是又說：「我會叫我的兄弟過來幫忙，您看是搬材料還是搬機器？還有，我手上還有一點點預算，兩萬塊，我打算撥個五千給您的兄弟，加加菜，喝喝汽水，您看怎麼樣？」

廠長一聽，笑了，說：「好吧，你的兄弟不用過來了。」

案例中這兩位業務經理都想要插單，為什麼前一個業務經理插單不成，而後一位經理卻成功了呢？其實，是前一位犯了一個嚴重的錯誤：動輒上火激發了矛盾。如果能夠相互體諒各自的難處，相互給予對方便利，那麼，其實，溝通起來並不是那麼的困難。

思考

同事認為你是容易合作的人嗎？

你是否能做到給同事「補位」？

與下級溝通的問題

不注意傾聽

下級作為管理者工作的戰友、工作的支持者，在執行其指令時能夠切實感受到指令是否可行，能夠切實感受到工作中的問題從而會給予管理者一些反饋與建議，但是，上級往往只顧發布命令，不注意傾聽下屬的聲音；只顧發號施令，不顧命令正確與否，命令的執行力度如何等等。不注意傾聽帶來的後果往往是下級對上級命令的理解不夠準確，上級對下級命令執行的結果不滿意。

工作方法單一

有經驗的酒店人都知道，在為客人提供服務的時候採取機械化的服務是千萬要不得的，而管理下級時，許多酒店經理人卻很機械、僵化──以同一種單調的工作方法來應對下級，與下級的溝通往往採取什麼都好或者什麼都批評的態度，永遠使用同一種說話的語氣語調。這種做法將會導致下級對上級的命令麻木接受，或者

對上級的能力產生懷疑等等。

在與下級溝通時，你所需要做的不僅僅只是回答或者命令，而是應該採用更加多樣的方式來進行訓導、指示、指揮與控制。

溝通方式不當

酒店經理在與下屬進行溝通的時候，常常會犯一些不應該犯的錯誤，比如說應該給予嚴肅批評的時候卻是委婉的鼓勵，應該要給予表揚的時候卻是無動於衷，以致下級對於工作應該怎麼做才能夠獲得上級的肯定產生困惑。

溝通方式不當會使員工的自信心受到打擊，使員工對於上級的信任與擁護程度大大降低，會損失員工的工作積極性。

對下級不瞭解

一些酒店經理在與下級溝通時會產生一些笑話，比如說張冠李戴。上級對下級的情況不瞭解：不瞭解下級的需求、興趣愛好、家庭背景，甚至是對於下級所做的事情也並不一定清楚。情況不明，則上下溝通必然會出現問題。

習慣於單向溝通

上級因為已經習慣了他所處的位置，習慣了以命令的方式指揮、控制下級，而不習慣於雙向溝通，不習慣從下級那裡獲得相應的反饋。

單向溝通使管理者占據上風，卻給下級帶來不快。單向溝通並不是真正意義的溝通，不能夠實現溝通的目的。

過於集權

酒店經理因為其領導方式、領導風格，或者因為他的職位權力等原因，會出現集權化領導，不放棄任何一點權力，任何事情都是親力親為，使下級沒有充分發揮才能的空間，只是遵從命令。

授權是重要的管理手段。作為酒店經理，要給下級以權力，激發下級的工作積極性，以更好地鼓勵下級參與酒店的工作，實現團隊的目標與任務。

思考

下級認為你有親和力嗎？

你是否認為離開你的指導，下屬就做不成任何事情？

程老師建議

◇ 賓客是酒店的財富。

◇ 與賓客溝通首先要瞭解賓客的需求。

◇ 同級並不是「平輩」，而是要以「前輩」來稱呼。

◇ 與上級溝通主要是注意上級的心理變化，其次是要有服從意識。

◇ 酒店經理要正確認識自己在與下級的溝通中出現的一些問題。

案例

松下幸之助以罵人而聞名，同時也是以最會栽培人才而出名。

有一次，松下幸之助對他公司的一位部門經理說，我每天要做很多決定，還要批准他人的很多決定，實際上只有40% 的決策是我真正認同的，餘下的60% 是我有所保留的或者是我覺得過得去的。

經理很驚訝，假使松下不同意的事情，大可一口否決就行了。

「你可以對人和事都說不，但對於那些你認為過得去的計劃，你可以在實行過程中指導他們，使他們重新回到你所預期的軌道。我想一個主管有時應該接受他不喜歡的事情，因為任何人都不喜歡

被否定。」

　　酒店經理應該要儘量避免對下級說「不」，減少使用「你不行」、「你不會」、「你不知道」等這些詞語。只有這樣，才可以最大程度地保護下級的積極性。

　　影響有效溝通的主要問題

　　溝通對象出現越位、錯位的現象

　　應當與上級進行溝通的，卻與同級或下級進行溝通

　　當一些問題應該是向上級直接反映的，卻變成了與同級之間在背後議論、抱怨的話題。例如，酒店近日召開專題會議，議題是對酒店人員定崗定編立案進行重新審視，總體原則是科學用人，精簡高效，確保一線、壓縮二線，要求各部裁減一些新入職的員工。會後，人力資源部汪經理便跟餐飲部經理抱怨說：「真搞不懂酒店到底是怎麼想的，這樣減人，讓我怎麼跟新員工交代啊？」

　　前面案例中的汪經理便是犯了應該與上級進行溝通的，卻與同級進行溝通的錯誤。如果上級聽到此番話，或者餐飲部經理向上級彙報了，那麼，將會產生不必要的上下級矛盾。

　　應該與同級進行溝通的，卻與上級或下級進行溝通

　　酒店中的工作是需要同級之間相互協作完成的，但有些酒店經理面對同級部門之間的矛盾，沒有積極彼此協調，卻採取了讓上級進行裁奪的方法，結果導致雙方心懷芥蒂，矛盾更加難以解決。例如：客人要求酒店銷售部黎經理安排車輛前往機場提取一批貨物，費用由客人支付。於是銷售部黎經理通知財務部安排採購部的員工前往取貨，但是採購部卻遲遲未能取到貨物，導致客人投訴。為此，黎經理向酒店總經理彙報說財務部經理辦事不力，而財務部則說銷售部經理缺少工作責任心，通知的提貨時間和地點有偏差。於是導致了矛盾的升級。

如果財務部經理與銷售部經理能夠進行良好的溝通，而不是推卸責任，共同解決賓客的投訴，那麼，事情的發展便能夠達成雙方均滿意的結果。

應當與下級進行溝通的，卻與上級或其他人員進行溝通

我們常常會犯的錯誤是在不經意間說出的話卻成為了一些小道消息，一些傳聞，尤其是在面對下級的問題上，應當要與下級進行良好的溝通，卻是在一些不相干的人員面前說漏了嘴，導致了一些不必要的誤會。餐飲部章經理發現領班小李工作不積極主動，責任心不強，而且常常請假。正確的做法是章經理找到小李，問問小李的情況。章經理卻在與另一位下級聊天時隨口抱怨說：「不知道小李最近怎麼回事，工作一點都不負責任，老是請假。」而這話很快傳到了小李耳朵裡，甚至其他的同事也知道了，使小李在工作中很是尷尬，也就造成了小李與上級的矛盾。

溝通渠道錯位

應當一對一進行溝通的，卻選擇了會議溝通

一對一溝通是指讓產生矛盾的雙方直接進行溝通。例如，工程部與管家部之間因為客房設備問題而一直爭吵不休，雙方都認為是對方的錯誤，因而在部門會議上雙方各執一詞。這樣的事情在會議上討論，既不利於問題的解決，也浪費了其他與會人員的時間，耽誤了其他議程。

應當透過會議溝通的，卻選擇了一對一溝通

會議溝通是指在一個組織內部進行的，多方參與的溝通，這種溝通是以商討、分析的形式開展的，能夠多方面地收集訊息，以解決相關的問題。例如，酒店的一個重要會議接待，本來應該召開全體部門負責人開會佈置相關接待工作，下達備忘錄，要求各部門落實，但是總經理卻認為只與相關部門經理溝通就可以了。結果耗時

費力，效率很低，也沒有達到預期效果。

工作過於情緒化

不能控制自己的情緒，以自己的好惡評判他人的工作，這種做法是不成熟的，容易造成團隊內部矛盾與衝突。

表達能力欠佳

我在巡視工作，瞭解情況的時候，當提問一些員工在工作中有沒有什麼問題，工作情況怎麼樣時，一些員工往往無法準確簡潔明了地回答問題，支支吾吾，口齒不清，神態緊張。表達能力不夠的員工怎能順利地與來自各方的賓客溝通呢？怎能為酒店創造效益呢？這需要我們深深地思考。

不重視反饋

我們有些酒店經理人往往在聽取了上級的命令，或者瞭解了下級的思想動態以後既不表示態度，也不採取一定的行動，這也正是我們通常所說的「一個耳朵進，一個耳朵出」。溝通是一個相互協調的過程，是透過表述與反饋來實現雙方目的的過程。訊息接受的一方，一定要對所接收的訊息有所反應，溝通才能夠進行下去。

肢體語言運用不夠

酒店經理人總是認為溝通只是透過語言讓對方理解自己的意思，而忽略了肢體語言的運用，這樣的做法往往使溝通效果打了折扣。當我們第一次見到賓客跟賓客說一聲「您好」，是禮節，也是工作要求；而如果這個「您好」伴隨著一個鞠躬或者一個點頭，一個微笑，那麼，這遠比單純的一個機械化的「您好」來得更加親切。上級在鼓勵下級的時候，如果只是說「幹得不錯」，那麼只是一個口頭的表揚，如果在說話的同時拍拍肩膀，將會使下級的感觸更深。

訊息失真或傳遞不及時

酒店團隊需要完善的管理規章制度，酒店內部的訊息傳遞需要多條暢通的傳遞渠道來實現。酒店內部的訊息傳遞不規範、不及時，往往因為傳遞訊息的渠道不通暢、酒店內部的文化氛圍、小道消息盛行等所引起。

酒店內的訊息傳遞主要是由人力資源部門透過張貼公告或內網等方式來公佈消息，傳達行政指令。如果人力資源部門沒有透過正規的渠道發布消息，或者發布消息不及時，將會引起內部員工的一些騷動，透過小道消息而瞭解的人員變動狀況將會大大影響員工的工作積極性，使得人心惶惶，無法專心於本職工作。

思考

你找到溝通的對象了嗎？

你選對了溝通的方式了嗎？

當別人與你的意見不一致時，你能控制自己的情緒嗎？

你激勵下屬時，給了他鼓勵的目光注視了嗎？

案例

潘先生是一位愛挑剔的賓客，要求服務生在自己打電話通知的30秒內趕到。一次，服務生接到其按鈴即匆忙乘電梯前往，但電梯中途突然出故障，等服務生小王到達潘先生房間時已經超過5分鐘。小王一進門，不等他開口解釋，潘先生就指著小王的鼻子數落開了：「你怎麼搞的，我在這裡等了老半天你都沒上來，你們不是說『顧客就是上帝』嗎？這算什麼態度！」

「我……」

「我什麼我！你還有理由爭辯？跟我到你們經理那兒理論去！」

服務生小王也是個有脾氣的人，忍耐度終於到了極限，跟潘先生橫眉相對起來。

　　潘先生鐵青著臉，眼看著火山就要爆發。這時，房務部經理剛好路過門外，聽到爭吵聲，趕緊走過來，把小王拉到一旁，及時制止了爭吵。他瞭解了事情經過後，用很抱歉的語氣對潘先生說：「潘先生，很對不起，我們服務生衝撞了您，很希望您能夠大人不記小人過，多多原諒。」

　　「哼！」

　　「不過，我想您可能有些誤會了。」經理接著說。

　　「什麼誤會，事實就擺在眼前，沒得說！」潘先生依然沒消氣。

　　「請您先冷靜一下，別激動，聽我把話說完。剛才我們的電梯的確發生了些小故障，致使小王不能及時趕來，我想這個情況他也不想發生。但沒辦法，這是意外，我想誰都不能料到會被困在電梯裡。而且，從前幾次他的服務看來，他是盡職盡責的，只不過他的脾氣衝了點，希望您能夠理解。」

　　說完，房務部經理扯了扯小王的衣服。

　　小王紅著臉誠懇地說：「潘先生，我剛才的確是衝動了點，但您根本不給我說話的機會啊。」

　　終於，潘先生舒展了擰起的眉頭，臉色也漸漸好轉：

　　「真的是那樣嗎？那我真的要自我檢討一下了。」

　　末了，他還對小王道歉：「我沒想到事情是這樣的，我錯怪了你，希望你能原諒我。」

　　這件事情最終得到圓滿解決。

從本案例可以看出：語言溝通的技巧對服務來說非常重要，一個意思用不同的語言和語氣表達出來效果就會不同，顧客的知覺、個性不同，應使用相應的語言，才能讓顧客準確地理解，服務才能收到好的效果。

程老師建議

◇ 你與別人見面時說的第一句話是「你/ 您好」，千萬不要忘記。

◇ 酒店經理要分清溝通對象，避免溝通錯位，產生不必要的誤會。

◇ 把溝通作為工作的一部分，經常進行溝通。

◇ 加強對員工溝通能力的培訓，為員工提供良好的溝通渠道。

◇ 溝通情緒化是溝通中最大的忌諱。

◇ 有效運用自己的身體語言，配合語言技巧，可提高溝通效率。

本章小結

溝通就是兩個或兩個以上人員之間訊息傳遞和相互理解的過程。

有效的溝通可以消除人與人之間的障礙，加深理解，達成共識，建立良好的人際關係。溝通是酒店管理中最為重要的管理活動，優秀的酒店經理一定是最好的溝通者，沒有溝通就沒有管理。要正確認識溝通，我們不僅要瞭解溝通的作用與目的，發揮溝通在工作中的作用，實現溝通的積極效果，還要瞭解與賓客、與上級、與同級、與下級以及有效溝通過程中出現的常見問題，進而有針對性地解決溝通中的各種問題，以達成有效溝通。

心得體會

◎ _____

◎ _____

◎ _____

◎ _____

◎ _____

◎ _____

◎ _____

◎ _____

◎ _____

◎ _____

◎ _____

◎ _____

◎ _____

第二章 與賓客溝通的藝術

本章重點

● 正確認識賓客

● 處理好賓客的投訴

● 建立良好的賓客關係

正確認識賓客

要讀懂賓客的心

服務是所有企業高度關注的一個問題。服務的境界是：「於細微之處見真誠，於細小之處見真情。」酒店服務要做到用心用情，充分滿足賓客在酒店的需求，以賓客為中心。我們認為，賓客是追求享受的自由人，也是具有優越感的愛面子的人，往往是以自我為中心，思維和行為具有情緒化的人。他們對酒店服務的評價帶有很大的主觀性，即以自己的主觀感覺作為判斷的依據，酒店只有讓賓客感到有面子，懂得欣賞並配合賓客的「表演」，使賓客在酒店消費的經歷中找到自我和當「主管」的快樂，賓客才會對我們的服務滿意。

特別提醒

服務的境界：於細微之處見真誠，於細小之處見真情。

由於賓客特定的思維和心理，酒店人難免會受一些委屈，對此，酒店應該給予賓客充分的理解和包容。總之，酒店只有先正確

把握賓客的心理，讀懂賓客的「心」，站在賓客的立場去考慮問題，才可能為賓客提供與其需求相對應的產品。

案例

客人在餐廳一個包廂用晚餐，服務生小李熱情地接待他們。客人點餐完畢，又點了一瓶法國紅葡萄酒，小李問道：「您點的紅葡萄酒中需要加雪碧嗎？」客人回答說：「加，不過你把兩罐雪碧和紅葡萄酒給我們，我們自己兌吧！」於是小李開單遞單去了，另一位服務生看到小李挺忙的，便幫她把酒水拿到包間並把兩罐雪碧跟紅葡萄酒直接兌在一起，客人一看就火了，大聲嚷起來了：「不是說了嗎！我們自己來兌，不是所有的人都加雪碧的！你們自己看著辦吧，賠一瓶吧！」小李知道後立刻趕過來，誠懇地道歉，請客人原諒。客人自然不滿，但看服務生認錯的誠懇態度也就表示不再追究了。小李認為這是由於自己的工作失誤所引起客人的不滿意，於是投入了極大的熱情，服務得更加周到細緻了。

案例中，引起客人不滿的原因是服務生沒有按客人對酒水的特殊要求來服務，造成這種錯誤的原因在於服務生工作銜接脫節：首先是小李沒有交代清楚客人對酒水的要求；其次，幫忙的服務生憑經驗辦事，不問客人的要求就自作主張按常規兌酒水，這是錯誤的操作。

所以，在與賓客溝通中不要忘記了客人的特殊要求，要針對客人的特殊要求提供恰當的服務。

程老師建議

其實你不懂我的心──

◇ 客人是具有優越感的人；

◇ 客人是情緒化的自由人；

◇ 客人是來尋求享受的人；

◇ 客人是最愛講面子的人。

我只在乎你——

◇ 說賓客喜歡聽的話；

◇ 唱賓客喜歡聽的歌；

◇ 做賓客喜歡做的事；

◇ 按賓客意願服務。

客人是服務的對象

在酒店的客我交往中，雙方扮演著不同的「社會角色」：員工是「服務的提供者」；而賓客則是「服務的對象」，酒店員工不能把賓客變成別的什麼對象。例如：員工在任何時候，任何場合，都不能對賓客評頭論足，指指點點，把賓客當做評頭論足的對象；在對客服務過程中，如果出現分歧，員工切不可與賓客比高低、爭輸贏，把賓客當做比高低、爭輸贏的對象；因為酒店客源的複雜性，在賓客群中，「什麼樣的人都有」，員工要憑藉靈活的服務引導賓客，而不是把賓客當做「教訓」或「改造」的對象；另外，當賓客有不滿時，員工不要只想著為自己或酒店辯解，和賓客「說理」，把賓客當做說理的對象，而應立即向賓客致歉，並盡快幫助其解決問題。

客人也是「人」

賓客在進入酒店之後成為酒店的「客人」，員工要將他作為「人」來尊重，滿足他作為「人」的各種合理的需求，為他提供滿意、舒心的服務。當然，另一方面，賓客作為「人」也是有缺點的，也會表現出人性的種種弱點，不可能完美無缺。員工要將「賓客總是對的」作為優質服務的信條，即使是對待賓客的「不對之

處」也要能夠多加寬容和諒解。

程老師建議

◇ 要真正以賓客為中心。

◇ 賓客並非永遠是對的，但賓客一定是最重要的。

◇ 賓客來店只有一個目的──需要幫助，因此我們要永遠對賓客高度負責。

◇ 把每位賓客都當成VIP 客人。

瞭解客人對酒店服務的需求

賓客需求具有多樣性、多變性、突發性等特點，酒店服務要能打動賓客的心，就必須對賓客的需求保持高度的敏感，要能準確預見賓客的需求，並根據賓客的需求提供相應的服務，使其獲得滿足。

按酒店規範來操作

規範化服務是酒店提供優質服務的基礎，而遵守規範的前提是制定的規範要科學合理。如果規範不合理或不符合賓客的需求，就會約束員工的靈活性服務，使服務規範有餘但親切友好不足，甚至會讓賓客感到拘謹。合理的規範服務需要酒店為員工進行恰當的培訓、指導，使員工在遇到一些特殊情況時能夠根據賓客的需求提供相應的服務。同時，服務還必須具有科學性，主要體現在酒店有形設施的數據化，無形服務的有形化，服務過程的程序化，服務行為的規範化，服務管理的制度化，服務結果的標準化等。

因此，作為酒店經理首先應正確認知賓客的需求，明確提供給賓客的核心服務、相關服務和輔助服務的內涵，把握好每個服務層次質和量的要求；其次，要把已認知的賓客需求轉化為對服務質量的規範，即對各個服務環節進行分析、量化，以制度的形式確立下

來，變無形為有形，變模糊為精確，變不可衡量為有據可依；再次，服務人員要能夠把規範的、標準的服務提升為靈活的、有針對性的服務。

瞭解賓客「求補償」、「求解脫」、「求尊重」的心理

賓客在酒店消費期間，不管其是否意識到，他們都必然存在著某種「求補償」、「求解脫」、「求尊重」的心理。「求補償」就是賓客在「日常生活之外的生活」中，求得他們在日常生活中無法得到的滿足；「求解脫」就是賓客要從日常生活的眾多壓力之下所產生的緊張精神狀態中解脫出來；「求尊重」就是賓客希望酒店員工更加尊重他。

滿足賓客的上述心理，酒店員工不僅要為賓客提供各種便捷的服務，幫助他們解決種種實際問題，而且還要注意服務方式的正確性，做到熱情、周到、禮貌、謙恭，使賓客體會到一種從未有過的輕鬆、愉快、親切和自豪。

案例 王永慶賣米

已經離開我們的「臺灣經營之神」王永慶先生16歲帶著父親借來的200元錢開始經營一家小米店。當時正是臺灣的日據時代，面對享有特殊保護的日資米店和眾多擁有了固定客源的本土米店，王永慶的米店如何突圍？是王永慶以無微不至的服務闖出了自己的天地。那時的臺灣，大米摻雜米糠、沙礫的情況比比皆是，買賣雙方都見怪不怪。而王永慶能夠創新服務，做到每次都把雜物挑挑選乾淨，還主動送米上門，並且免費給客戶淘陳米、洗米缸。

每次，當他將米送到客戶家裡之後，就掏出筆記本，記下這家米缸的容量。然後他向客戶說：「下次你就不用到我們米店買米了。」客戶大吃一驚，他接著說：「我們會將米送到您家裡來。」當然客戶滿口答應。王永慶又向客戶說：「您能不能告訴我一些簡

單的資料，像您家裡有幾個大人、幾個小孩？大人、小孩每餐各吃多少？一天用米大概多少？」對客戶來說這並不是難事，就告訴了他，於是王永慶就根據這些資料計算出這家客戶的用米量，這次送的大米大概可以用多少天。在客戶吃完米前的兩三天他就主動把米送到客戶家裡。他的這種創新的做法一傳十、十傳百，幾年下來，他的米店生意越做越大，走向了「經營之神」的道路。

有人說，王永慶終其一生無論經營什麼產業，都是在「賣大米」──始終把握客戶的需求，為客戶著想，努力提供優質服務。

程老師建議

◇ 站在賓客的立場考慮問題。

◇ 培養賓客比賺錢更加重要。

◇ 把賓客當做是明星、英雄、朋友、祖母、你的男朋友或女朋友一樣對待。

◇ 只有滿意度還不夠，還要努力建立忠誠度。

處理好賓客的投訴

酒店工作的目標是使每一位賓客滿意，但事實上，無論是多麼豪華、多麼高檔的酒店，無論酒店經理人在服務質量方面下了多大的功夫，總會有某些賓客在某個時間，對某件事、物或人表示不滿。因此，投訴是不可避免的。酒店員工在處理賓客投訴時，既不能損害酒店的利益，又要讓賓客滿意。正確接待和處理賓客投訴，對於提高酒店服務質量和管理水平，贏得常客具有重要意義。

投訴的類型

在酒店日常管理工作過程中，我總結了一下，賓客投訴的類型不外乎以下幾種：

有關硬體設施、設備的投訴

這類投訴主要指由於酒店的設施、設備不能正常運行，甚至損壞，而給賓客帶來不便甚至傷害，引起賓客的投訴。例如，酒店電視、空調系統失靈；照明、供水不正常；電梯的電腦控制失效；家具地毯破損等。在處理這類投訴時，員工應設身處地為賓客著想，及時與工程部取得聯繫，負責維修的員工要進行實地察看，視具體情況採取積極有效的措施。同時，還應在問題解決後保持與賓客的聯繫，確保賓客的滿意。

有關酒店軟體的投訴

這類投訴是指因酒店員工的服務態度、服務效率、服務時間等方面達不到酒店的標準或賓客的要求而造成賓客不滿意的投訴。

關於酒店服務效率的投訴

因酒店服務效率低、出現差錯，造成賓客陷入困境而引起不滿。如辦理入住登記手續時間太長；轉接電話太慢；叫醒服務不準時或令賓客不愉快；排錯客房；郵件、留言未能及時傳遞；客帳累計出錯；行李無人搬運；上菜速度太慢等。

處理此類投訴時，首先應向賓客道歉，並盡快採取措施進行補償性服務。事後，要分析產生投訴的原因所在，並針對服務過程中的薄弱環節強化員工的專業知識和操作技能、技巧的培訓，以儘量減少這類投訴發生。

關於服務態度的投訴

酒店服務人員在對客服務過程中因態度冷淡、語言粗魯、行為散漫，或是過分的熱情、不負責任的答覆等引起賓客投訴。為減少

此類投訴，常用的有效方法是加強員工在對客關係以及心理素質方面的培訓，提高員工的服務意識和職業道德水平。

關於酒店管理的投訴

酒店因管理不善導致賓客在酒店內受到騷擾、隱私受到侵犯、財物破損或丟失等，引起賓客投訴。在這種情況下，處理此類投訴時，應首先向賓客表示歉意，並在第一時間內儘可能地為賓客挽回損失，尋求賓客的諒解；事後，虛心徵詢賓客的意見，總結經驗，吸取教訓，修正並完善酒店在管理中存在的不合理之處，避免日後再出現此類情況。

案例 過期的優格

一天上午，某飯店2119房間任女士（一位孕婦）向大廳經理投訴：昨天早上在餐廳用完早餐後她發現酒店為早餐準備的優格是過期的，當時已經向餐廳服務生和領班反映過，領班也表示會向主管請示，給她一個合理的答覆。但是已經過去一天了，酒店仍未有任何的表示。而且事發之後，服務生和領班也沒有向她表示任何的歉意。任女士認為這種做法不符合五星級酒店的服務標準，怎麼能向賓客提供過期的食品？！萬一胎兒因此受到影響，酒店該如何處理？希望酒店能盡快給予一個說法。

本案例屬於食品衛生安全案例，食品衛生安全包括：食物安全、器皿安全、操作安全等。在這則案例中，酒店接二連三地出現錯誤：一是酒店提供給賓客的優格是過期的；二是出現問題後，服務生和領班沒有立即向客人致歉；三是客人在要求酒店給予說法時，酒店遲遲未有回覆。最後，導致賓客向酒店投訴。

關於食品安全的管理，首先，酒店要嚴格遵守衛生防疫部門的管理規定，加強對即將過期的食品的管理，杜絕「三無」產品，做好食品安全預防工作；其次，酒店要加強員工的工作責任心的管

理，要經常對食品質量進行檢查，做好食品衛生控制；最後，當問題發生後，員工要及時向酒店經理彙報，酒店要換位思考，要站在賓客的角度考慮問題，要以維護和確保賓客的身心健康為己任。

在本案例中，問題出現之後，員工及餐廳領班應在第一時間向賓客表示歉意，並立刻向上級彙報。酒店要派專人陪同賓客一起去醫院檢查，同時可以視實際情況給賓客以適當的補償，以儘可能地挽回賓客的損失，將負面影響降到最低程度。

賓客對酒店的有關政策不瞭解所引起的投訴

很多時候，因為訊息傳遞的不及時或者是訊息在傳遞過程中存在失誤，導致賓客瞭解訊息滯後或者掌握訊息有偏差，使賓客的利益受到影響，造成賓客對酒店的投訴，這類投訴是因為賓客沒能及時瞭解酒店的有關政策規定而造成的。例如，某酒店推出的房費消費滿1000元，可獲送本酒店商場消費券100元；滿2000元，可獲送消費券200元，依次類推。此項政策是指賓客在酒店一次性消費足額時，而賓客卻常常誤以為是累計消費，導致雙方產生矛盾。在這種情況下，酒店要對賓客做好耐心的解釋，並熱情地幫助賓客解決問題，根據情況為賓客提供其他的優惠項目。

有關異常事件的投訴

這類投訴主要包括因惡劣的天氣，無法購買到機票、車票，飛機延遲起飛等原因引起的賓客不滿。這類問題，酒店難以控制，但賓客卻希望酒店能夠幫助他解決。對於此類投訴，員工應在力所能及的範圍內想辦法幫賓客解決。若確實無力辦到，應儘早向賓客做出解釋，以得到賓客的諒解。

對賓客投訴的認識

投訴是壞事，也是好事。如果投訴得到了很好的處理，賓客極有可能繼續與酒店保持業務聯繫，進而可能成為忠誠的賓客；如果

處理得不好，則會影響到酒店的口碑聲望。

有利於酒店發現服務與管理中存在的不足

酒店在服務或管理中存在問題是不可避免的，但酒店的管理者很少直接面對賓客，有些問題自己也不一定能及時發現，而賓客來酒店消費，期望得到物有所值的服務，對於存在的問題賓客的感受更敏銳。另外，儘管酒店管理者要求員工做到「經理在與不在都一樣」，可是，很多員工並沒有真正地做到這一點。而賓客對於這一點感觸是最深的，從而最容易發現酒店存在的隱性問題。酒店要透過賓客的投訴來不斷發現問題、解決問題，彌補存在的不足，改善服務質量，提高管理水平，以便能夠留住這些可能會失去的賓客。

有利於酒店鞏固賓客關係，創造忠誠賓客

留住賓客不容易，但留住賓客的效益巨大。研究表明「使一位賓客滿意，可招攬8位賓客上門；但若因產品質量不好，惹惱了一位賓客，則會導致25位賓客從此不再登門」。賓客有投訴，說明賓客不滿意，酒店就應該把它當成是一種機遇和挑戰，這才是一種積極有益的態度，它為酒店提供了強化對客關係的機遇。瞭解到賓客「不滿意」的原因，也就找到了改進的機會。酒店要高度重視賓客的投訴，盡力將「不滿意」的賓客在其離店之前轉變為「滿意」的賓客，消除賓客對酒店的不良印象，減少負面影響。

有利於酒店培養服務意識，提升服務質量

投訴的賓客往往是酒店最寶貴的賓客，因為他們願意幫助酒店指出存在的問題和需要改進的地方，使我們知道自己還需要在哪些方面進一步地提高和改進，從而強化服務意識，提升服務品質。而不投訴的賓客未必就是對酒店的產品感到「滿意」，他們可能只是不說罷了，或者只是說「沒有不滿意」。事實上，如此說的賓客已經對酒店的產品或服務感到「不滿意」了，但是他不願意指出來。

於是，酒店也就發現不了存在的問題，得不到有效改進的機會，而這些心有不滿卻不抱怨投訴的賓客往往是酒店沒有機會再挽回的客人。

投訴處理的原則

真誠幫助賓客

處理投訴應設法理解賓客投訴時的心情，同情其所面臨的窘境，並給予應有的幫助。接待好賓客，首先應表明自己的身份，讓賓客產生一種信賴感，相信受理人員能真誠地幫助其解決問題，而不是在推諉。

不與賓客爭辯

前來投訴的賓客即便情緒比較激動，態度不恭，舉止無禮，言語粗魯，接待人員也應該冷靜、耐心，要換位思考，絕對不可與賓客爭辯。即使是面對不合理的投訴，投訴接待人員也應做到有禮、有理、有節，既要尊重賓客，又要做出恰如其分的處理，以達到雙贏的目的。

維護酒店利益

處理投訴的前提條件是不損害酒店的利益，尤其是對於一些複雜的投訴，切忌在真相不明之前急於表態。解決問題的最佳方法是查清事實，透過相關渠道瞭解事情的來龍去脈，然後再向賓客誠懇地道歉並予以適當地處理，但處理的最終結果應是在酒店利益最大化的基礎上使賓客滿意。

思考

大廳經理是否向你抱怨過客人難纏？請他說說事情原委，跟他交流一下你的看法。

處理賓客投訴的程序和方法

接待投訴賓客，無論對服務人員還是管理人員都是一個挑戰。管理人員要使接待工作變得輕鬆，同時又使賓客滿意，就必須正確掌握處理賓客投訴的程序、方法和藝術。

做好接待的準備，盡最大努力讓賓客滿意

為了能夠及時、準確、輕鬆地處理好賓客投訴，酒店人員必須充分做好投訴前的心理準備，隨時準備著投訴處理。一般來說，賓客來投訴，說明酒店的服務和管理存在問題，而且，不到一定程度是不願前來投訴的。因此，酒店要設身處地為賓客著想，掌握不同賓客求發洩、求尊重、求補償的三種心態，換位思考，急賓客之所急，把正確留給賓客，以減少賓客與酒店的對抗情緒。因此處理賓客投訴問題的關鍵不在於辨明賓客是對還是錯，而是解決現有問題。

程老師建議

◇ 賓客絕對不會錯。

◇ 如果發現賓客有錯，那一定是我看錯。

◇ 如果我沒有看錯，一定是因為我的錯誤導致了賓客犯錯。

◇ 如果是賓客的錯，只要他不承認，那就是我的錯。

◇ 如果賓客不認錯，我還堅持他的錯，那就是我的錯。

◇ 總之，「賓客絕對不會錯」，這句話絕對不會錯。在這裡，我們強調一種「讓」的藝術。

設法使賓客消氣

酒店接待賓客投訴的人員要保持冷靜、理智，不要衝動，要設法平息賓客的怒火，穩定其情緒，比如可以請賓客到較為隱蔽的場所坐下，遞上一杯茶水，緩和一下賓客的情緒和緊張的氛圍，再與賓客作進一步的溝通。因為只有在雙方「心平氣和」的情況下解決

問題才比較容易，接待人員切不可出言頂撞，讓賓客「氣」上加「氣」，火上澆油。

學會傾聽，做好記錄

對賓客的投訴要認真聽取，勿隨意打斷，積極聆聽賓客的意見可以收集儘可能多的訊息。此外，還要注意做好記錄，包括賓客投訴的內容、賓客的姓名、房號、投訴時間、事由經過等。這不僅是對賓客投訴的重視，同時也是酒店處理賓客投訴的原始依據。

換位思考，感受賓客的痛苦

聽完賓客的投訴後，要對賓客的遭遇表示抱歉、同情與理解，這樣，會使賓客感覺受到尊重，自己來投訴並非無理取鬧，同時也會使賓客感到你是幫助他解決問題，而不是站在他的對立面與他講話，從而可以減少對抗情緒。

盡力解決問題

賓客投訴的目的是為瞭解決問題，因此，對於賓客的投訴應立即著手處理，在處理賓客投訴之時應提供多種方案讓賓客選擇，以示對賓客的尊重。必要時，要請示上級親自出面解決，切不可在賓客面前推卸責任。

關注處理結果，做好追蹤服務

接待投訴賓客的人，並不一定是實際解決問題的人，因此賓客的投訴是否最終得到了解決，其投訴接待者必須對投訴的處理過程進行追蹤。如果不是自己親手處理的，就不要想當然地認為賓客的問題已經得到解決，應該去核實問題是否得到了妥善解決，並對處理結果予以關注。

有時候，賓客所反映的問題雖然解決了，但並沒有解決好，或是這個問題解決了，卻又引發了另一個問題。比如，賓客投訴空調

失靈，結果工程部把空調修好了，卻又把客房給弄髒了。因此，酒店必須再次與賓客溝通，追蹤追查問題是否得到解決，詢問賓客對投訴的處理結果是否滿意，要使賓客感到酒店對其投訴非常重視，從而對酒店留下良好的印象。

給予賓客意外驚喜

對於賓客的投訴，酒店不能只是做到「解決了」就可以了，「解決了」只是做到了讓「賓客沒有不滿意」，酒店要做得更好些，要提供延伸服務，給賓客意外的驚喜，將酒店「特別的愛」獻給特別的賓客。比如，酒店可以在處理完賓客的投訴，解決好問題之後，為賓客的房間贈送一些諸如鮮花、巧克力、水果等額外的禮品作為給賓客造成不方便的一種「象徵性」的補償，使賓客能夠不計前嫌，進而使賓客能夠滿意酒店的服務。

案例

一位做風險投資的王先生來酒店用餐，但是服務生在上菜時不小心把王先生的筷子碰落在地上，王先生立即沉下臉來，生氣地說：「筷子落地，是名落孫山，不吉利！」服務生見客人生氣了，就慌了，一上湯，「啪」一聲，又把客人的湯勺給碰到了地上，摔個粉碎。這下客人急了，惱怒地說：「你怎麼搞的？又把我的湯勺給摔了，真晦氣！」服務生見自己捅了兩個婁子，慌了神，不知所措地站在那裡。這時，餐廳經理趕過來了，說：「先生，實在抱歉，給您添麻煩了。」趕快讓服務生給客人換上新餐具，將摔碎的餐具收走。就對客人說：「先生，您不要生氣，這是喜兆啊！您看，筷落筷落就是快樂快樂，您的生意一定會順順利利，快快樂樂。勺子碎了，這叫歲歲平安，您的投資年年平平安安，您想，這不是喜兆嗎？」王先生臉上露出了笑容：「噢，好，好！這麼說今天是個好日子，借經理的吉言，我們乾杯！」

案例中，服務生接連出事故，給客人造成心理上的不愉快，該

餐廳經理熟諳商人講究吉利的心理，在服務出現問題的時候運用了語言的藝術，迎合客人的心理，使客人轉怒為喜，終於使客人化干戈為玉帛。

程老師建議

◇ 處理賓客不滿，無論對服務人員還是管理人員都是一個挑戰。要使接待工作變得輕鬆，同時又使賓客滿意，就必須正確掌握處理投訴的方法。

◇ 賓客不滿意就有可能下次不來，因此要化解賓客的抱怨，持積極的態度來正確對待，並要及時消除賓客的不滿，盡最大可能地使賓客滿意。

◇ 要掌握投訴賓客的心態，安撫賓客的情緒，為賓客解決困難。

◇ 要設法使賓客消氣，而不是火上澆油。

建立良好的賓客關係

建立客史檔案

酒店實行的是人對人的服務，我們面對的賓客千差萬別，不同的賓客有著不同的特點、不同的喜好、不同的心理、不同的需求。因此，只有在充分瞭解賓客的基礎上，圍繞賓客個性化的需求，提供差異化、針對性的服務，讓他們獲得滿足感和榮耀感，留下深刻的印象，才能夠進一步贏得他們的忠誠。

客史檔案的內容

建立客史檔案是酒店以賓客需求為導向，為賓客提供個性化服務的重要途徑。同時，還有助於酒店加強與賓客的聯繫，促進市場

開拓，制定營銷策略。透過建立客史檔案，使酒店準確掌握「誰是我們的賓客」、「我們的賓客有什麼樣的需求」、「如何才能滿足賓客需求」等問題，進而幫助酒店提高經營決策的科學性。

酒店完整的客史檔案通常包括以下幾方面的內容：

常規訊息

常規訊息包括賓客的姓名、性別、年齡、出生日期、婚姻狀況，以及通信地址、電話號碼、公司名稱、職務等。收集這些資料有助於酒店瞭解目標市場的基本情況，瞭解「誰是我們的賓客」；同時，也便於酒店加強與賓客的聯繫，促進與賓客之間的訊息交流。

預訂訊息

酒店預訂包括餐飲預訂、客房預訂、宴會預訂、團體預訂等，這些預訂訊息包含賓客的預訂方式、介紹人、預訂的季節、月份和日期等，掌握這些訊息有助於酒店選擇恰當的銷售渠道，做好促銷工作。以宴會預訂為例：宴會客史檔案記載賓客舉行宴會、酒會、招待會的團體或個人的姓名，負責宴會安排者的姓名、地址及電話號碼，每次宴會的詳細情況都應記錄在案（包括宴會日期、類別、出席人數、收費標準、宴會地點、宴會需要的額外服務以及宴會後出席者的評估等）。

消費訊息

賓客的消費訊息包括包價類別、賓客租用的房間、支付的房價、餐費，以及在商品、娛樂等其他項目上的消費；賓客的信用、帳號；喜歡何種類型的房間和酒店的設施等等，從而瞭解賓客的消費水平、支付能力以及消費傾向、信用情況等。

習俗、愛好訊息

這是客史檔案中最重要的內容，包括賓客旅行的目的、愛好、生活習慣，宗教信仰和禁忌，住店期間要求的額外服務等。掌握這些資料有助於酒店為賓客提供具有針對性的個性化服務。

反饋訊息

反饋訊息包括賓客住店期間的意見、建議、表揚和讚譽、投訴及處理結果等內容。獲取有效反饋訊息的最好方法，就是創造讓賓客可以痛快地投訴或提出意見的氛圍。酒店要鼓勵一線員工收集賓客意見向上級反饋，酒店也可給那些提出寶貴意見的賓客發放紀念品等。

建立客史檔案

客史檔案的建立對酒店的經營管理有很大的幫助，必須引起酒店經理的高度重視，給予大力支持，將其納入酒店相關部門和人員的職位職責之中，使之經常化、制度化、規範化，並要求各相關部門及時進行數據更新與維護。

客史檔案的有關資料主要來自於賓客的「餐務委託預訂單」、「大廳副理拜訪記錄」、「訂房單」、「住宿登記表」、「結帳單」、「投訴及處理結果記錄」、「賓客意見書」、「銷售經理拜訪記錄」以及其他平時觀察和一線員工收集的有關資料。由此可見，賓客檔案的建立不僅依靠一線部門員工的努力，而且有賴於酒店其他相關部門以及接待人員的大力支持和密切配合。隨著科技的進步，很多酒店都使用電腦建立和管理客史檔案，極大地提高了客史檔案使用的效率。其實前面我們講的「臺灣經營之神」王永慶先生經營米店的案例，也告訴我們大家要重視客史檔案的建立，值得借鑑。

掌握與賓客溝通的技巧

要關注賓客心理

酒店要為賓客提供「雙重服務」，即：「功能服務」和「心理服務」。功能服務就是指滿足賓客實際的物質需要；「心理服務」除了要滿足賓客的物質需要以外，還要使賓客獲得一種愉快的「經歷」，滿足其心理上的需求，也就是說，酒店要能夠使服務的過程充滿人情味，使賓客獲得心理上的滿足。

案例

酒店小王正在有條不紊地指揮正門停車場的車輛停放，突然一輛轎車很嫻熟地被停在迴車道邊上，而酒店規定這裡是不允許停車的。於是小王趕忙過去，而此時駕駛員已經熄火準備離座。這時，小王說：「先生，您的倒車技術真棒，既快又準，我在這裡站了快三年了，還沒見過像您這麼好技術的呢，您要是能教我一手，我也能多一樣吃飯的本事。」聽了這話，駕駛員的臉上露出了得意的表情。這時，小王又說：「對不起，先生，為了您的車身安全，麻煩您把車停到那邊去好嗎？這裡車來車往的，萬一碰上技術差點的......」沒等小王說完，駕駛員已經發動車子，以最快的速度把車倒到了小王指定的位子。

要善解人意

酒店要給賓客以親切感，服務就要「善解人意」，透過察言觀色，正確判斷賓客的心情與預期，做出適當的語言和行為反應，滿足賓客的願望。

要謙恭殷勤

彬彬有禮只能防止和避免賓客的「不滿意」，酒店只有做到「謙恭」和「殷勤」才能使賓客感受到愉快和美好的消費經歷。而要做到「謙恭」，不僅意味著員工不能去和賓客「比高低、爭輸贏」，同時還要有意識地配合賓客的「表演」。如果說酒店是一座「舞臺」，酒店員工應該自覺地讓賓客「唱主角」，而自己「唱配

角」，充分滿足賓客求尊重、求表現的心理。

要及時幫助賓客解決問題

我曾經聽一位同事講到過這樣的事情，一位酒店服務生幫助客人「強行」上火車，說服列車長給予補票的事情。時值運輸高峰，客人為了趕回去看望自己病危的親人而焦急為難時，酒店的服務生伸出了援手。

我們在酒店服務中要急客人所急，想客人所想，具有一種超前服務意識，及時幫助客人解決問題。

始終以賓客的需求為導向

賓客是酒店利益的來源。酒店服務要能夠打動賓客的心，就必須對賓客的需求保持高度的敏感，要使賓客對酒店的服務產生感動，要能準確預見賓客的需求，並根據賓客的需求提供相應的服務，使其獲得滿足。

要真誠地讚揚

酒店的服務生向賓客說一些稱讚的話只花幾分鐘，這些話就能立竿見影地增加相互間的友好程度。因為人都喜歡聽到別人真誠的讚美，要養成讚美他人的習慣。賓客在酒店有什麼願意表現出來的長處，就要幫他表現出來；反之，如果賓客有什麼不願意讓別人知道的短處，則要幫他遮蓋或隱藏起來。

要多用「請」和「謝謝」

酒店要建立與賓客的密切關係，獲取賓客的忠誠，「請」和「謝謝」是非常重要的詞語，它們容易說並且值得員工為此努力。同時，員工在與賓客溝通過程中也要講究語言的藝術，特別是掌握說「不」的藝術，要儘可能用「肯定」的語氣表達「否定」的意思。

要否定「自己」

在與賓客的溝通中如果出現障礙，要善於首先否定自己，找自己的不足，強調都是我的錯，找主觀原因，不要否定賓客。

總之，酒店要塑造良好的品牌形象，贏得廣大賓客的認可，就要以其優質的產品和服務吸引回頭客，尤其是對曾經從酒店流失的賓客，要認真分析賓客流失的原因，並提出整改對策，制定整改辦法，爭取使流失的賓客再回來。

酒店的長期利益建立在賓客滿意和賓客忠誠的基礎上，酒店的營銷活動從符合賓客需求到讓賓客滿意，再到讓賓客忠誠，每一步都是極為重要的。培養忠誠的賓客，能夠給酒店造成正面宣傳的作用。據有關資料統計，一位忠誠賓客可以影響大約25位潛在消費者。

因此，酒店要提供使賓客偏愛的產品、服務和承諾，取得賓客的高度信任，並建立起長期的合作夥伴關係，使賓客的期望維持在合理的水平並持續不斷地提升。賓客不僅是酒店產品和服務的消費者，更是酒店經營活動的生產資源和核心要素。酒店管理者要善於挖掘賓客多元化的需求，掌握更多的賓客資源，提供更多的產品和服務給賓客。當今的市場競爭，誰掌握了賓客資源誰就擁有了市場發言權。

案例

有位客人入住一家高星級酒店，中午他約了幾位朋友在餐廳包廂用餐，而接待他們的是一位剛剛上班的實習生，這位服務生心裡很著急，因為他不知道怎麼稱呼這位先生，忘記了這位先生姓什麼。他仔細觀察以後發現客人的房卡放在了桌子上，於是靈機一動，想到了好辦法，他利用客人打電話的空隙時間向櫃台詢問了這位先生的姓名，等到客人打完電話回到餐桌時，他已經能夠親切地

稱呼這位先生的名字了。客人十分驚喜，問服務生是怎麼知道他的名字的，服務生如實相告，得知酒店的這項規定以後，這位先生很是高興，備感溫馨與親切。

本例中這位新員工想方設法瞭解客人的名字，給客人帶來驚喜與親切，是成功的個性化服務，也是具有強烈服務意識的體現。現代酒店往往很推崇個性化服務，認為酒店員工如在第二次或者第三次見到客人時便能夠以某某小姐或者某某先生之前冠以姓名，將會使客人感到異常親切，這是一種人情味極濃的服務。其實做好這項服務也並不難，其服務的關鍵有兩點：一是要用心，與客人初次見面就留心客人的體貌特徵，儘可能記住每一位客人的姓；二是酒店要建立完善的客史檔案，並使酒店內的訊息渠道暢通。

程老師建議

◇ 客戶滿意 ≠ 客戶忠誠。

◇ 培養忠誠客戶是一項複雜的工作，可是做起來卻很簡單，就是要「用心去做」，使客戶留戀。

◇ 服務第一，賓客至上。

◇ 用細微周到的服務來贏得終身賓客，「水滴石穿」，對賓客的服務要日積月累，持之以恆。

◇ 記住賓客的名字。

◇ 給賓客面子。

◇ 真誠地讚美賓客。

◇ 儘量滿足賓客的需求。

◇ 用你的真情與賓客說話。

◇ 學會主動傾聽。

◇ 建立客史檔案。

◇ 比賓客預想的多做一點點。

本章小結

　　酒店與外部的溝通主要是指與相關職能部門及廣大賓客的溝通。酒店要加強與政府和相關職能部門的溝通和交流，得到他們的支持和幫助，確保能夠及時瞭解並掌握國家推出的最新的相關法律法規和行業政策，這有助於酒店長遠的發展。而酒店與賓客的溝通，是酒店對外交流的主要內容，因此我們要正確地認識賓客，及時化解賓客在酒店的不滿，妥善處理好賓客的投訴，掌握與賓客溝通的藝術，建立良好的賓客關係，進而培養忠誠客戶。

心得體會

◎ ＿＿＿＿＿＿＿＿＿＿＿＿＿＿＿＿＿＿

◎ ＿＿＿＿＿＿＿＿＿＿＿＿＿＿＿＿＿＿

◎ ＿＿＿＿＿＿＿＿＿＿＿＿＿＿＿＿＿＿

◎ ＿＿＿＿＿＿＿＿＿＿＿＿＿＿＿＿＿＿

◎ ＿＿＿＿＿＿＿＿＿＿＿＿＿＿＿＿＿＿

◎ ＿＿＿＿＿＿＿＿＿＿＿＿＿＿＿＿＿＿

◎ ＿＿＿＿＿＿＿＿＿＿＿＿＿＿＿＿＿＿

◎ ＿＿＿＿＿＿＿＿＿＿＿＿＿＿＿＿＿＿

◎ ＿＿＿＿＿＿＿＿＿＿＿＿＿＿＿＿＿＿

◎ ＿＿＿＿＿＿＿＿＿＿＿＿＿＿＿＿＿＿

◎ ＿＿＿＿＿＿＿＿＿＿＿＿＿＿＿＿＿＿

◎ ＿＿＿＿＿＿＿＿＿＿＿＿＿＿＿＿＿＿

第三章 與上級溝通的藝術

本章重點

● 正確認識上級

● 與上級溝通的技巧

● 典型的實用技巧

正確認識上級

與上級溝通的定義

與上級溝通，即上行溝通，是指下級的意見向上級反饋的過程。酒店經理應鼓勵下級積極向上級反映情況，只有上行溝通渠道通暢，上級才能掌握全面情況，做出符合實際情況的決策。員工座談會、設立意見箱，建立定期的彙報制，定期或者不定期的會議制度等都是保持上行溝通渠道通暢的有效方法。

掌握上級的心理

強烈的自尊心

作為上級，因為其工作的性質與職位，其與下屬之間的微妙關係往往是下級對於上級的服從與尊敬，而作為上級是絕對不允許其下屬來挑戰自己的權威與尊嚴的，要保持作為上級的絕對地位與權力，保證自身的尊嚴和人格。

對於下屬具有較強的依賴性

上級的存在首先是要有下屬的存在，如果作為上級沒有具體的

下屬，那麼也就無所謂上級不上級了。所以，下級對於上級來說具有重要的意義：下級是上級的擁護者，有下級的存在才能夠體現上級職位存在的價值，並且，上級要完成團隊的任務，只能依靠下級去執行，執行的好壞直接影響著整個團隊的績效。

綜合考慮，整體規劃

上級因為其職位的特殊性，擔負著主管整個團隊朝著既定的目標穩步前進的重大責任，上級所要考慮的不是「螺絲釘」的問題，而是整個「機器」的運轉狀況。透過綜合性的、整體的考慮，上級才能夠制定工作規劃，明確完成團隊任務所需要分配的資源以及所需要的時間、費用等問題。

權力與責任的正比心理

上級既是權力的擁有者，又是責任的擔負者。當其擁有更多的權力時，也意味著有更多的責任需要去承擔，兩者之間存在著正比的關係；並且，上級承擔著下級所犯錯誤的連帶責任，下級所犯的錯誤往往需要上級去彌補，更增加了上級的心理壓力。

位居高位的孤獨感

在酒店內部具有層次分明的管理層次，越是位於高職位的上級，所知曉的高層機密越多，越是要注意自己的言行舉止。居於高位者受到的關注更多，這些關注總是帶著嫉妒的，或者還有看笑話的心態，因而，上級與下級員工接觸的機會越來越少而距離越來越遠，難免有「孤家寡人」的孤獨感。

案例 東方朔陞官

東方朔是中國漢代的一個文人，會寫文章而且性情詼諧。東方朔起初在京城長安做一個很小的官。當時為皇家照顧馬隊的都是一些侏儒，儘管這些侏儒官階很低，但他們卻可以經常接近皇帝。東方朔想引起皇帝對自己的注意，很想見到皇上以便得到重用，於是

想了一個辦法。

　　一天，東方朔對看馬的幾個侏儒說：「皇上說你們這些人，身材矮小，既不能種田，又不能打仗，更沒有治國安邦的才華，對國家毫無益處，他準備把全國的侏儒都殺掉。」侏儒聽後，嚇得大哭起來。

　　東方朔說：「我給你們想個辦法吧。」侏儒非常感激，便問是什麼辦法。東方朔說：「你們應該聯合所有的侏儒，一見到皇上就長跪不起，請皇上寬恕你們的小個兒。」果然，所有的侏儒在皇上出行時，都跪在皇上面前請罪。皇上問何故，侏儒們說：「東方朔說聖上要殺我們。」

　　皇上於是召見東方朔，問他為何謠言惑眾。東方朔說：「反正我可能被判死罪，那我就直說吧，我是不得已才這樣做的。侏儒身高三尺，我高九尺，所賺俸祿每月都是一袋米，兩百塊錢，總不能撐死他們而餓死小臣吧！皇上如果認為我說的不對，不願意重用我，就乾脆放我回家，我不願再白白耗費京城的白米。」東方朔詼諧風趣的語言，皇上聽了大笑，馬上就把他調到自己身邊升任侍衛官。

　　東方朔採取了有效的措施引起皇帝的注意，掌握皇帝的心理與他溝通，結果官位高昇。

　　對上級的地位認識

　　上級也就是我們常說的領導，領導的含義，顧名思義就是領導者、領導活動。「領」就是帶領，就是走在前面，做在前面，身先士卒，「導」就是引導、指導。只有「領」好了，「導」才能夠起作用。

　　領導者透過各種方式的溝通，來明確自己的工作要求、戰略計劃、實施方案細節等，然後與下級交換意見，達成共識並且以明確

的工作目標為導向，使團隊成員以高效率的工作進度來完成團隊任務。

瞭解領導風格

在這裡，我引用一種通路—目標模式來簡單介紹領導者風格。通路—目標模式是由加拿大多倫多大學伊凡斯教授於1968年提出的，後由其同事豪斯教授補充發展而成。該理論認為，不存在一個單一的在任何情況下都能引發下屬人員的工作動機和滿足的領導的模式，領導者會根據不同的環境因素施以不同類型的領導行為。領導者往往會根據下屬人員的個性特點、工作環境的特點等因素來改變自身的領導風格。通路—目標模式下的領導風格可分為四種。

支持型

支持型是指領導者很友善，關心下級，平等待人，但通常對工作環境的好壞很少關心，不太注意透過工作使人滿意。

指導型

指導型是指一個領導者告知下級他希望他們做什麼，並對應該怎樣做給予指導，確信他的指導在組織中會得到很好的理解。這種類型的領導對要做的事情進行嚴格的計劃，堅持固定的標準，並激勵下級遵守標準和規則。

參與型

參與型是指領導者在做出決策時，注意與下屬磋商，徵求他們的意見，對達成目標的各種建議採取非常認真的態度。

成就取向型

成就取向型強調出色的工作表現，同時堅信下級人員能夠達到規定標準的要求。這種類型的領導者通常樹立一個具有挑戰性的工

作目標，希望下級最大限度地發揮潛力，達到組織目標。這種類型的領導者不斷制定新的目標，使下級經常處於被激勵的狀態。

參照目標—通路模式，結合酒店管理團隊的特性，我將酒店管理者的領導風格分為以下四類。

獨裁式領導

所謂獨裁式領導是指由上級決定一切，要求下級無條件地執行指令。酒店管理者的這種領導方式要求下級絕對服從，認為決策是自己的事情，可以不徵求下屬的意見，管理就是發號施令，要求員工必須執行。這種領導方式適用於員工不熟悉運作程序與職位職責，依靠上級命令或指令才能有效完成任務的情況。

民主式領導

所謂民主式領導，是指上級與下級共同討論、商量，集思廣益，然後做出決策。此種領導風格強調上下融洽、協同合作，與下級工作有關的讓他們參與、共同分擔。這種領導方式適合於希望員工承擔決策和解決問題的責任的情況。

放任式領導

所謂放任式領導是指管理者撒手不管，下級願意怎樣做就怎樣做，給下級最大程度的自由。他的職責僅僅是為下級提供訊息並與酒店外部環境進行聯繫，以便於下級開展工作。這種領導方式適用於下級技術高超，業務過硬，經驗豐富，受過良好教育；或者員工對工作具有自豪感，有強烈的獨立完成工作的願望等情況。

官僚式領導

所謂官僚式領導是指按條條框框來管理，照本宣科，本位主義，強調按規章制度來辦事情。這種領導方式適用於督導員工完成重複簡單的工作，或必須遵照一定的程序來操作危險、易損的設

備。

思考

你是否能根據不同的下屬個性特徵、不同的工作任務調整自己的領導風格？

與上級溝通的技巧

正確處理與上級的關係

對上級要嚴格服從

服從就是要求下屬在具體工作過程中，即使是自己認為上級意見不正確，仍然要充分尊重上級的意見，而不要有任何牴觸、對抗的情緒。原則上下級要無條件、嚴格執行上級的命令。當然，如果上級的指令確實存在不合理或者不可行之處，可以在事後與上級進行進一步的溝通，當然這種溝通要在私底下進行，而不是在公眾場合進行公開的對抗。

案例

巴頓將軍是個幽默風趣的人，他有判斷力，有激情，有敏銳的洞察力，不管是馬匹、賽艇，還是考古學、人類學，他樣樣都喜歡，樣樣都感興趣。他又是一個有智有謀、敢於勝利的人，他軍事指揮方面的勇猛與果敢，可與「石牆」傑克森媲美。他個性鮮明，毫無矯飾，他可以罵士兵，士兵也可以罵他，形成一種特有的「罵街方式」。在他的回憶錄《我所知道的戰爭》中描述這樣一個細節，他在選拔人才時做了一個特別有趣的測試。他將所有的候選人聚集到一起，命令他們在倉庫後面挖一條戰壕，8英呎長、3英呎寬、6英呎深，然後觀察他們的行為。這些候選人把鐵鍬和鎬都放到了倉庫後的空地，他們休息幾分鐘以後開始討論為什麼要挖這個

戰壕。有人說，6英呎深還不夠當火炮掩體；有人說，這樣的戰壕太小太熱；有的抱怨不該由軍官來做這樣的體力活。但是，有一個夥計說：「我們把戰壕挖好以後就離開這裡吧，那個老畜生想用戰壕幹什麼都沒有關係。」最後，這個夥計得到了提拔。

本案例為什麼這個說粗口罵巴頓是老畜生的家夥卻得到了提拔呢，因為他選擇了服從。作為下級，要不找任何藉口地服從上級的命令，而不是拖延時間、找藉口推脫等等，要獲得上級的青睞就要學會充分信任上級、充分服從。

盡職盡責

下級對待上級要盡職盡責，做好自己的本職工作。上級與下級之間不是對立的，只是分工不同，就如同在同一艘船上，船長和船員的分工是不同的，但是兩者的前進方向是一致的，無論誰把舵、誰揚帆，最終還是駛向同一個目的地。

尊重上級

下級要尊重自己的上級，因為上級是幫助下級完成工作、實現目標的人，因此，不要與上級爭論，更不能頂撞上級，要充分尊重上級，積極主動地執行上級的各項指示。

彌補上級的不足

彌補上級的不足，也就是說要補位，就是當上級的命令出現疏漏或者偏差時，下級要維護上級的威信——在執行命令過程中積極、主動地透過各種方式扭轉局面，靈活執行上級的錯誤命令，最大限度地維護酒店的利益。要杜絕教條主義，不搞本位主義，更不能幸災樂禍。

程老師建議

彌補上級的錯誤，就是要為上級補位。

及時向上級彙報

上級佈置的任務、下達的命令下級要認真地去執行，並且及時地向上級彙報完成情況，讓上級瞭解自己的工作進度。下級還要向上級反饋相關的工作訊息，提出建設性的工作意見。

要為上級擋駕

作為下級，在遇到困難的時候首先要盡自己的可能去解決問題，對實在解決不了的問題，再向上級請示，要能夠主動為上級解決問題，排除瑣碎問題。

程老師建議

替上級擋駕是下級必須要做的。

懂得讓功

下級要懂得凡是總結性的話、歸納性的話、決定性的話、定調子的話，一般都要讓給上級去說。要甘於將自己的功勞隱藏在上級的光環和集體的榮譽之下，避開「功高蓋主」之嫌，保持謙虛的姿態和開闊的胸懷。

當好上級的參謀

多出選擇題，不出問答題

下級應該要為上級提供選擇性的建議，而不是詢問上級該不該做，如何去做。例如，酒店市場部經理在做半年工作計劃時，應該主動向上級請示中秋期間可否推出中秋月餅銷售及贈送活動，該活動可否提前3～4個月開始策劃、宣傳並實施，而不是拿著計劃表去問上級要開展什麼活動，如何開展。

多出多選題，少出單選題

下級要為上級多出多選題，而不是單選題。例如，市場部經理

應向上級彙報中秋月餅促銷活動的多種選擇方案。方案一：酒店購買器皿，自己製作月餅；方案二：酒店聯繫當地生產商，購買他們生產的月餅；方案三：酒店以代銷的方式，聯繫外地價格適宜的月餅生產商。另外，還要附上各種方案的利弊分析，供上級決策參考。

程老師建議

◇ 千萬不要讓主管在A、B、C、D中選擇D（即「以上答案都不正確」），這說明你的能力有待提高。

◇ 酒店經理要做給上級出謀劃策的諸葛亮。

對上級進行監督

下級要敢於主動監督上級的各項決策，對正確的決策要不折不扣地執行，對有偏差的決策要能夠及時發現，並在適當的時候，私下的、偷偷的、悄悄的、在沒人知道的場合下，以委婉的方式向上級指明，儘可能地避免出現因決策失誤而造成重大的影響。

案例

與主管打交道，《西遊記》中的孫悟空，其所作所為完全可以拿來做人際關係的經典案例來思考。孫悟空大鬧天宮在主管面前的首次亮相，就在上級主管觀音菩薩心中留下了不可磨滅的印象，以至於他被壓在五行山底500年之後，觀音見他第一句話就是：「姓孫的，還認得我麼？」顯然沒有將他孫悟空當做外人，而孫悟空也順竿爬地將觀音當做最好的故知：「我在此度日如年，更無一個相知的來看我一看，你從哪裡來也！」分明是說觀音比相知的還要相知。此後，孫悟空把與觀音的這種知己關係一直保留到上下級關係之中，而且始終將這兩種關係融為一體，這實在是比他那72變還要高明的手段！

在與上級的相處中要給予上級尊重，要服從，要懂得感恩。一

個酒店的經理要求下級如何對待他，他就應該知道如何對待上級。孫悟空對觀音菩薩的知遇之恩銘記在心，把自己的上級當做感恩的對象，當做知己。孫悟空的這種做法往往能夠使上下級關係既不跨越等級，又能夠保持友好和諧的相處。

程老師建議

◇ 作為酒店經理人要學會讓功。

◇ 要掌握上級的心理，為上級排憂解難。

◇ 尊重你的上級，擁護與愛戴你的上級。

◇ 要學會「孫悟空式」的正確對待上下級關係。

◇ 一個酒店的經理要求下級如何對待他，他就應該知道如何對待上級。

特別提醒

對上級要嚴格服從

盡職盡責

尊重上級

彌補上級的不足

及時向上級彙報

要為上級擋駕

懂得讓功

當好上級的參謀

對上級進行監督

與上級溝通的技巧

解讀上級個性

上級被賦予了職位屬性的同時，他也是作為一個獨立的個體存在於團體中，他有自己的思想、行為、語言、習慣等等。我認為，透過解讀上級的個性能夠很好地幫助我們在工作中更好地與上級相處，在與上級的順暢溝通中高效率地完成工作。

以我的工作經驗，總結出一些較為典型的主管個性特徵，於此提出相應的與上級溝通之道同讀者分享。

多疑否定型

這種類型的上級總是認為下級在工作中偷懶、態度不端正，於是採取經常性地走動觀察來審視下級的工作。應對這樣的上級，下級主要還是與上級多多地溝通交流，及時地報告自己的工作狀態。

急功近利型

很多上級總是有這樣的擔心——認為下級能力的提高、下級優秀的工作成績有可能會影響到自己的地位，甚至會搶了自己的位子；並且這樣的上級渴望將團隊的功勞歸結到自己的身上，會「搶佔」他人的成果。應對這樣的上級，下級就要學會收斂起自己的鋒芒，不要做「出頭鳥」，學會謙虛謹慎的行事作風，要學會「拍馬屁」，博得上級的信任與賞識，藉以消除上級的戒心，遇到一些決策性的問題儘量多徵求上級的意見，使上級在「接收戰果」時具有強烈的成就感。

嚴肅謹慎型

有些上級是極為嚴謹的，由於其對工作一直處於一種保守的態度，他會對你的工作提出批評與建議，會用一堆的道理來告訴你如何工作。他不追求創新，不趕時髦，往往固守一種思維模式。這一類型的上級也可以說是「家長型」的。應對這樣的上級，下級要培養自己的耐心，在聽取上級意見的時候要保持冷靜的心態，不要顯

示出不耐煩的態度，並且在工作中要積極地去解決問題，給上級留下一個好印象。

強權鎮壓型

強權鎮壓型的上級往往運用他所具有的權力實行專制化的領導，常常會不進行民主討論而選擇獨立完成決策，使用權力來反對不同的思想與聲音，拒絕聽取他人的意見與建議，用強權「鎮壓」下級，增強威懾力，但是這樣的上級也很有可能是「紙老虎」。所以，應對這種類型的上級，下級不能害怕，不能自卑，而是應該要透過自己的專業知識與一絲不苟的工作態度來展示自己的才華與能力，要贏得口碑與聲譽，使自己擁有一席之地，用業績來說話，為酒店贏得利益。

思考

你是哪一種類型的主管？你的上級又是何種類型？你知道如何對症下藥與你的上級相處了嗎？

主動溝通交流，讓上級瞭解自己的存在

我們總是認為上級不夠瞭解自己，不瞭解自己性格特徵，沒有給自己安排合適的工作，也沒有給自己提供恰當的薪資待遇，上級在考核績效的時候沒有與我進行溝通交流，諸如此類的問題讓自己心情很不爽。當我們在抱怨上級的時候，是否考慮過上級為什麼沒有瞭解我們，是我們自己的問題還是上級的問題呢。嘗試著主動與上級交流溝通，上級會注意到你存在的價值。

在處理與上級的關係上花點時間、心思

我們要學會問自己幾個問題，我在哪些工作上可以幫到上級，減輕上級的負擔？我能夠幫助上級做哪些事情使他能夠出類拔萃？我在工作中是否盡心盡力，上級對我的評價又是什麼？我是否做到了經常主動地與上級溝通？多花心思與時間在這些問題上，這將幫

助我們更好地評估自己的工作績效，促進自己與上級的關係。

多多關心上級，瞭解上級關心與困擾的問題

很多人對於上級的態度總是「避而遠之」，上級來了，躲起來；上級的任務來了，只能唯命是從，這樣的做法是得不到上級認可的。我的學生在見到我的時候會主動過來打招呼：「程老師好！」，「程老師最近身體好嗎？」，「程老師有什麼問題需要我幫忙嗎？」等等。對於上級，我們要給予更多的關心，不管是上級工作上的問題還是生活中的問題，要多去瞭解上級所關心的事情，多去體會上級受困擾的事情，這樣才能夠切實站在上級的角度去瞭解上級，而同樣的，上級也會領會到你的用心良苦。

對上司的詢問有問必答，有求必應

上級喜歡做事乾淨利落的人，而對於那些講話吞吞吐吐的，有答沒答的，會選擇直接將其拒絕在辦公室大門之外。上級問你什麼就如實回答什麼，上級要求什麼那就應什麼，當然也要靈活應對，上級若讓你做違背原則的事情肯定是不能去做的。我們要會「讚美」上級，這裡的「讚美」並不是「阿諛奉承」，而是要真誠地讚揚上級的能力與魅力，要表達自己的尊敬、欣賞。但是，我們必須注意的是，光靠嘴巴上的「讚美」獲得上級的信任並不是長久之計，而更要注重自身能力的提高。

毫無怨言地接受任務、指示，對自己的任務主動提出改善意見

下級在接到上級的任務時，有時候因為自身情緒、狀態、工作氛圍等出現逆反心理、排斥心理，這是千萬要不得的。對於上級的指示，我們要聽從、服從、遵從，要毫無怨言地接受任務，並且要擺正自己的心態，在接受任務後，要學會對自己的任務主動提出改善的意見，以達到更好的工作效果。

使用委婉的方式提出建議，使用正確的提問語氣

要言之有理

「言之有理」，即要使自己有充足的論據與證明，要講道理，講原則，講方法，才能夠有讓人信服的理由，才能夠使交談進行下去。下級對上級提意見，萬不可無中生有，浪費彼此的時間。

要言之有禮

「言之有禮」，即要注意說話的一些基本禮節，比如說要注視上級的眼睛說話等等。這些交談中的禮儀往往能夠幫助我們在交談中取得主動地位，並且禮儀展現出個人的品味、價值觀，會影響到上級對我們的個人印象。交談中要「以誠為本」、要「以謙為懷」，才能夠獲得尊重，贏得好感。

要言之有的

「言之有的」，即我們說話要有一個標的，這個標的可以是溝通的對方，也可以是溝通的一個主題，這些標的引導著我們說什麼話，怎麼說話。如果標的是人，那麼我們要看人說話；如果標的是主題，那麼就要緊扣主題中心。

要言之有度

「言之有度」，我們溝通時要把握一個度，這個度的把握往往有些困難，因為我們常常在盡情地發表自己意見時很難觀察到其他方面的訊息，比如說上級的臉色，如果發現情況有所變化，那麼，終止對話或者對溝通方式要適時調整。

要提切實可行的意見

我們說，會提建議的員工是個好員工，而所提意見是天馬行空的則是做事不著邊際的員工。為什麼這樣說呢？會提意見的員工是能夠在工作中積極思考的員工，而經常提天馬行空的意見的員工，往往好高騖遠，不切實際；往往對於未來有美好的想法但是沒有實

際行動，這樣的員工並不是一個好員工。

所以，我們要根據酒店目前的實際情況、針對可以改進的方面提意見，如此主管才會認為你有見地。

接受批評，絕不犯三次同樣的錯誤

我們常常認為，一個人第一次犯錯誤是不知道，第二次犯錯誤是不小心，到了第三次還是犯同樣的錯誤，那就是故意的了。所以，我們在工作中如果出現失誤，上級批評與警告後還是連續犯同樣的錯誤，第二次上級給你機會，到第三次就是要開刀動手術了，這個手術可大可小，小的扣除獎金、降級，大的可以辭退。

主動幫助他人，要採用機智靈活的處世方式

當同事遇到困難，自己此時已經完成手頭工作的時候，常常有兩種選擇：一種是給予別人幫助，熱心腸的；另一種是獨善其身的，自己的事情自己做，別人的事情不管。

兩種選擇，上級會喜歡做哪種選擇的人呢，不可否認，肯定是前一種，上級會認為這樣的員工比較「可愛」，值得信賴，擁有良好的工作習慣。

程老師建議

◇ 我們不是不能犯錯誤，但是不能重複犯錯誤。

◇ 要提切實可行的建議，切不可天馬行空，大而無當。

◇ 要言之有理、言之有禮、言之有的、言之有度。

◇ 要學會對上級的命令「唯命是從」，努力完成並報告結果。

◇ 要主動幫助他人，給上級留下一個好印象。

案例

前檯部經理正在值班的時候，進來一位衣著休閒的先生要求找

酒店的總經理。前檯部陳經理微笑著應對說：「好的，先生，請問您是哪個公司的？請問您怎麼稱呼？」該先生隨即報上自己的姓名與公司，並且表示希望能夠趕快見到總經理。陳經理於是又說：「先生，請您稍等一下，我馬上幫您聯繫！」於是，陳經理撥通了總經理辦公室的電話，正巧接電話的是總經理，陳經理機靈地說：「您好！我是櫃台，請問總經理在嗎？是某某公司某某先生找他，麻煩您幫我轉告一下。」

接電話的總經理明白了陳經理的用意，於是從容地應對，決定是否接見這位客人。

作為總經理每天需要應對各方面的訪客，不可能隨時接待所有的訪客，有些可由部門經理接待，有些客人不便由總經理接待，所以，引薦訪客給總經理需要進行篩選。

案例中的陳經理很細心也很機智，沒有貿然地讓客人前往總經理辦公室，而是裝作並不知道總經理是否在辦公室，讓總經理決定其是否接見該先生。即使案例中總經理決定不見此位客人，可由陳經理委婉地解釋，既不傷害客人的面子，又不會讓總經理難做。所以，在與上級溝通時，要學會靈活應對。

典型的實用技巧

向上級提建議的技巧

原創性的自我見地

我認為，我們所提的建議都必須是原創的、必須是經過實踐檢驗的，不可以照搬照抄他人、不可隨意模仿他人的成功經驗。建議要切實可行，能夠幫助酒店提高效益。

充足的準備工作

在提建議之前一定要經過仔細的思考、充足的準備。首先需要擬定提建議的計劃，找準問題的所在，確定建議所涉及的部門與對象等等。考慮周密後，要準備好文字說明書，以方便上級查閱。

全面猜想，綜合考慮

提建議之前要全面猜想各相關部門的利益，評估建議的影響與後果，應根據酒店當前的工作重心，綜合考慮酒店整體的利益，總體規劃，要站在相關部門的角度去思量建議的可行性，切不可違背酒店的利益，切不可破壞酒店的聲譽。

避免模糊不清的詞語

在提意見的過程中要儘量避免使用模糊的詞語，比如大概、猜想等等，上級很有可能因為這些詞語的模糊性而認為該建議存在著極大的風險性、不確定性，便會採取保留意見的態度來應對下級的建議。上級的這種做法既可以保留建議，又不打擊下級的信心。

控制時間，語言簡潔

提建議需要一個較長的準備過程，而真正地與上級面對面溝通卻很有可能只是幾分鐘的時間，所以，你一定要特別注意控制時間，儘量簡潔明了，以上級最容易理解的方式來陳述你的建議，讓上級接受你的想法。

預先鋪墊

要給上級一個心理準備的過程，在提意見之前要預先做好鋪墊，把上級帶入一個會認可提案的心境。我們常說「好的開始是成功的一半」，下級要以關懷、讚美的語句來開篇，營造輕鬆的交談氛圍，使上級能夠耐心地聽取意見，而不會有直接拒絕你的提議的尷尬。

多角度考慮，提供參考方案

下級在擬定建議的時候就應該從各個角度出發，根據實際情況提出各種方案來解決這些問題，要多方考慮，為上級提供多種選擇，給予上級充分考慮的餘地。給予多種參考方案，也可以從中看出提建議者嚴謹仔細的工作態度。

建議被採納以後與被拒絕以後

提建議的最終結果只有兩種，被接受或者被拒絕。如果建議被接受，不可揚揚得意，不可炫耀，不要認為一次的成功就是所有的成功，開明的上級會接受建議，但是肯定不會接受虛榮心強的員工。建議被拒絕以後也不必介意在心，不要灰心沮喪，要吸取經驗教訓，要總結這個過程中失敗的原因，為下一次的建議做好準備。

觀察學習

什麼是學習，學習就是一個懂得的過程，「學習了什麼」與酒店管理者的職業生涯休戚相關，學習的內容往往能夠幫助我們在日益激烈的競爭中獲得優勢。

孔子說：「三人行必有我師。」酒店經理要學會透過別人這面鏡子看到自己，既要看到自己的優點，更要看到自己的不足。「他人」這面鏡子可以教你在失敗中尋找成功的經驗，也可以在成功中發現失敗的隱憂所在。酒店經理要會「照鏡子」。

程老師建議

「學」就是把不懂的變成懂的，「習」就是把懂的變成習慣。

充實自己，掌握本領

要多多學習，多多充實自己，只有擁有專業理論知識的武裝，以及過硬專業技能的支持，才能夠提出一些建設性的建議。進而獲得下級的擁戴與上級的信任。

拒絕上級的技巧

當我們對於上級的命令不願意接受，或者上級命令的任務已經超出了我們的權力職責範圍時，我們應該採取既能夠使自己脫身，又不傷害上級自尊心的方式來拒絕上級的命令。如果拒絕是必然的、唯一的選擇時，我的建議是當機立斷，不要優柔寡斷。

多爭取時間

如果當時無法做出恰當的決定，或者唯恐做出的決定太草率時，我們就要爭取更多的時間去考慮，尤其是在面對複雜的情況下，可以實行「緩兵之計」。「這件事情對於我來說太重要了，您看能不能給我一些時間去考慮一下！」——既給自己爭取了時間，也給了上級面子。

不要保持沉默

就算對於上級做出的決定不認同，持否定的態度，也不要保持沉默。沉默只會讓上級覺得你所持的態度是不負責任的，既不表示同意也不表示否定。在適當的時候為自己的不同意見做出適當的辯解是極為必要的，這個辯解並不意味著推卸責任、推脫任務，給自己找藉口，而是為了能夠使工作獲得很好的效果，找到更適合的人來完成它。

把關注的焦點放在今後的工作、而非現在被拒絕的內容

我們常常在選擇拒絕了上級以後還瞻前顧後，忐忑不安，擔心這個害怕那個，總是在想著如果我沒有拒絕上級的要求那會是怎麼樣的，現在拒絕了，上級肯定要在今後的工作上給我小鞋穿，我要怎麼應對，是否應該要主動提出離職等等。我們所要關注的不是已經過去的事情，而是要在今後的工作中更加努力，為上級創造更多的有益價值。

溝通時要口齒清晰、態度明朗

在與上級溝通時要口齒清晰，態度明朗，能夠明確地表明自己

的立場與觀點，不可讓上級產生「還有商量的餘地」的想法。誤解產生以後往往還有更多的後續工作需要去做，並且容易造成上下級之間的關係緊張。

正確的方法與態度

在一個團隊中，上級終究是上級，是團隊的核心，下級要維護上級的威嚴。下級拒絕上級一定要特別注意語氣、語調，要學會採用婉轉的方式來拒絕，尋找最為靈活的方案。

案例 劉羅鍋為何沒死？

劉羅鍋（劉墉）是乾隆年間的宰相，乾隆皇帝十分欣賞和寵信他，其主要原因是劉羅鍋對皇帝和朝廷的忠誠和擁護以及他超人的智慧。

宰相劉羅鍋和貪官和珅一向不合，和珅為除掉劉羅鍋費盡了心機，而劉羅鍋也想除掉禍國殃民的大貪官。有一次，劉羅鍋設計使得乾隆隨口下旨將和珅的小舅子斬首。這件事情讓乾隆事後非常生氣，但又沒有辦法。一天，乾隆對劉羅鍋說道：「朕讓誰死，誰就得死，是吧？那劉羅鍋你就去死吧！」劉羅鍋問道：「皇上讓臣怎麼死？」乾隆隨後說道：「你家不是有個荷花池嗎？你就往那裡面一跳，死了得了。」

劉羅鍋只好跪下接旨。君無戲言。劉羅鍋回去後冥思苦想，該怎麼辦呢？他知道皇帝是一時憤怒並沒有真心殺自己的意思，如何平息此事呢？該想個兩全其美之策。

幾個時辰過去後，劉羅鍋去見乾隆，此時乾隆已經消氣了，問道：「朕不是讓你去死嗎？你怎麼敢違抗朕的旨意呢？」劉羅鍋跪下說：「萬歲，臣按照皇上說的去跳了荷花池，可是臣碰見一個人，臣就回來了。」乾隆問道：「碰見誰了？」劉羅鍋於是說：「臣碰見了楚國大夫屈原，屈原見了我就問，你怎麼也投水自盡

了。他當年投水自盡是因為他碰上了昏庸無道的楚懷王，鬱鬱不得志，才投水而死。他說，劉羅鍋啊，你怎麼也投水自盡？是不是也碰上了無道的昏君了？臣一想，不對啊，臣死是小，萬歲的名聲是大啊！於是我就說，屈原啊，此言差矣，你們的楚懷王怎麼能跟我們當今皇上相比啊，臣只不過是失足落水而已。我就掙扎著從水裡浮出來了，皇上您說臣做得對不對啊？」乾隆聽了之後，高興地大笑起來。

本案例中的劉羅鍋巧妙地拒絕了上級的要求，這個方式既保全了自己的性命，又顧全了上級的面子。酒店的管理者在拒絕上級時，要進行充分有效的溝通，要揣摩上級的心思，要因勢利導，循序漸進地消除上級惱怒的情緒，達到說服主管的目的，要巧妙地借用比喻、故事等方式，實行「緩兵之計」，以爭取時間、爭取主動權。

機智應對上級的拒絕

當上級跟你打官腔時

上級有可能是內心同意你的建議的，但是為了顧全面子，保持其上級的地位不可撼動或者因為某些利益驅使，有打官腔的嫌疑，裝腔作勢，採取拒絕的態度。下級應對時要學會迎合上級的心態，表現出很為難的樣子，給其充足的心理暗示，表示你需要上級的幫助、支持。適時的「示弱」會滿足上級求尊重的心理，他往往會樂意大度地支持你。

當上級不明白提案內容時

要分析上級不明白提案內容的原因，是他給你解釋的時間不夠，還是上級壓根沒有把這件事情放在心上呢？我們選擇的對策是以下四種：

● 選擇好時機：找一個上級較為空閒的時間，找一個較為適

合的環境。

● 明白易懂的方式：找一個讓雙方都能接受的交談方式，明白曉暢地表達你的觀點與態度。

● 用事例、經驗來證明：蒐集充足的證據，找到充分的理由與證據來說明自己的觀點。

● 評估影響：要能夠較為準確地估計到結果的影響，從正反兩個方面來考慮。

當上級想要試探你時

上級很有可能把拒絕當成是一種試探，試探你的受壓能力、受挫能力，或者只是想要試探你對於此項目的堅信程度。如果在這個時候你選擇放棄，那麼之前所做出的努力將付諸東流，所以，堅持到最後就是勝利。

當上級沒有認識到提案重要性時

在這種情況下，下級所要做的就是讓上級認識到提案的重要性，認識到這些改革是迫在眉睫的，是關係到酒店整體利益的大事情，下級要利用各種數據、證據等來說服上級重視提案。

案例 李斯上書秦王

戰國時期，韓國為了減輕秦國的威脅，派著名水工鄭國進入秦國，遊說秦國興建水利工程，以浩大的工程拖垮秦國。秦王聽說鄭國主動幫助興修水利，非常高興，派鄭國到各地考察。不久，鄭國設計了一條大型引水渠，當然該工程規模空前，時間長，耗費財力、物力、人力頗多。當工程完成近一半的時候，秦國查出鄭國原來是韓國派來的奸細，頓時朝野譁然，秦王震怒，隨下「逐客令」，將秦國客卿一律驅逐出境。

來自楚國的李斯離開咸陽以後，十分失意。於是寫了一篇《諫

逐客書》獻給秦王，這篇文章文情並茂，具有很強的說服力。秦王讀後，懊悔萬分，遂取消了「逐客令」，並派人追回李斯，給他官復原職。

李斯的《諫逐客書》，不僅使秦國留住了一大批政治家和軍事家，加速了秦國統一天下的進程，也奠定了李斯在秦國的地位。

下級應該要採取積極的態度、運用正確的溝通方式來消除上級對自己的誤解。案例中的李斯採用了寫文章的方式，以書面形式加強與上級的溝通，讓上級瞭解自己的心意。

贏得上級青睞

讓上級青睞的下屬有兩種人，一種人是具有極強的業務能力，能夠為團隊帶來效益的；另一種人是具有優秀的人格品質，在為人處事方面值得信賴的。要成為上級青睞的人，有以下這些技巧。

特別提醒

上級青睞兩種人：有極強業務能力的人與人格品質優秀的人。

抓住時機，表達想法

要隨時準備在恰當的時候，恰當的場合表達自己的想法，透過表達自己的想法來讓上級瞭解自己，對自己刮目相看，贏得信賴與尊敬。當然，你所要表達的想法本身要能夠吸引上級的注意。

守時守原則，言行一致

在與上級的交往過程中要嚴格遵守約定的時間，要保守自己的原則，要言行一致，說到做到，讓上級能夠充分信任你的做人原則，充分相信你的人格，這樣上級才會把重要的事情授權你去處理。

保守秘密

嘴巴牢不牢是上級認為檢驗一個人誠信度的最好試金石，所以，保守公司的秘密，保守上級交代的事情是極為重要的。

做出業績

能夠體現自身能力、素質、才華的最好證明就是在工作中做出令人信服與佩服的業績，在同事之間樹立起榜樣，在下級面前樹立起威信，在上級面前獲得好評。

提對上級有利的意見

要提出對上級有利的意見，比如說提出節約客房用電、減少餐廳的損耗建議等。合理化的建議能夠使上級更加出色地完成團隊的任務。

瞭解上級的期望

上級對於下級通常有很多的期望，透過給下級安排的任務，讓下級在工作團隊中扮演一定的角色來傳達他對下級的期望。我們要領會上級希望我們扮演什麼樣的角色，確定上級對自己的期望，然後為這一期望而努力。

口語化語言

要獲得上級的青睞，就要有自己的思想，要學會使用自己的語言來陳述事實，採用通俗易懂的口語化方式，而不是文件式語言或者與上級打官腔。

主動報告，瞭解上級需要

對於上級所分配的任務，要及時報告完成情況，定期不定期地給上級一定的反饋；而後再透過上級給你的反饋瞭解他所期待的結果，根據上級的期望來及時調整自己的工作。

思考

上級認為你是「可用」的人嗎？上級認為你是「好用」的人嗎？如果還不是「既可用又好用」，你還需要從哪些方面來改進？

道德原則與做人準則之間權衡

確認事實

對於上級所做的事情，要進行確認，切不可道聽途說；在沒有確切證據證明的情況下，要相信上級的做人原則與做事準則，要信任上級。

樹立形象

要廣泛奠定自己的群眾基礎，在群眾中樹立起自己公正無私的形象，要警惕糖衣砲彈的進攻，不可貪一時之小利，而毀掉職業聲譽。

爭取支持

要爭取讓員工站在正確的立場上來，讓員工認識到錯誤的行為，要抵制不良作風。

各方支援

要努力尋求其他方面的支援，透過有利於自身的證據來說服來自各方面的聲音，從而獲得成功。

留好後路

要做好最壞的打算，要給自己留好後路，這樣才能夠讓自己無後顧之憂地投入「戰鬥」。

本章小結

本章主要介紹了與上級溝通的藝術。下級要瞭解上級在酒店管理中的地位，正視上級在團隊管理中不可替代的作用，尊重上級的工作，瞭解上級的權力與職責，透過盡職、補位、擋駕、參謀、讓

功等方式來正確處理好與上級的關係。下級要瞭解上級的領導風格，從而能夠更好地把握上級的心理與心態，理解上級的言外之意，透過提高談話技能、提問技能、建議技能等來達到與上級的順暢溝通，使酒店的管理團隊能夠實現正確決策，貫徹執行徹底，確保酒店經營戰略的實現。

心得體會

◎ _____

◎ _____

◎ _____

◎ _____

◎ _____

◎ _____

◎ _____

◎ _____

◎ _____

◎ _____

◎ _____

◎ _____

◎ _____

第四章 與同級溝通的藝術

本章重點

● 正確認識同級

● 同級部門溝通技巧

● 典型的人際溝通技巧

正確認識同級

同級溝通的定義

同級溝通就是平行溝通，指組織中各平行部門之間、部門內部同級之間、整個組織內同一層級人員之間的訊息交流。在企業中經常可以看到各部門之間發生矛盾和衝突，除其他因素以外，部門之間互不通氣是重要原因之一。保證組織內平行部門、平行同事之間溝通渠道的通暢，是減少各部門之間衝突的一項重要措施。

思考

小陳是酒店銷售部的一名員工，人比較隨和，不喜歡爭執，和同事的關係處理得都比較好，但是，前一段時間，不知道為什麼，同一部門的老張處處和他過不去，有時候在別人面前指桑罵槐，甚至還搶了小陳的好幾個老客戶。

起初，小陳覺得都是同事，沒什麼大不了的，忍一忍就算了，但是，後來他覺得老張實在囂張，於是，一賭氣，告到了經理那裡。經理把老張批評了一通，但結果是從此小陳和老張成了絕對的

冤家了。

想一想，如果你是小陳，你會怎樣來處理這種事情？如果你是銷售部經理，你又如何處理老張與小陳的矛盾？

同級的地位認識

酒店是由各部門組合而成的整體，各部門之間應該相互合作，相互配合，互諒謙讓，因此，對於比自己資歷年長的同事，要尊敬，稱其為前輩；對於新進的同事要給予幫助。

我們在平時的工作中應該先為對方提供協助，再要求對方配合工作。在提供協助與要求配合時，總是會牽涉到不同的同級別的部門，所以，要儘量考慮雙方的工作性質，照顧對方的利益，以最終實現雙方利益共贏。

處理與同級之間的關係

我們說溝通的主體之間，不管是上級對待下級，還是下級對待上級，彼此之間常常使用三分的禮讓空間、七分的溝通技巧以尋找管理的平衡點，但與同級之間，大家一樣大，必然產生「誰怕誰」、「誰命令誰」的心態，對溝通不利。我們酒店的經理在日常的工作過程中，怎樣才能處理好與同級的關係呢？我給大家以下建議：

矮半截說話

我認為與同級相處要借鑑道家崇水的哲學——崇水，就是推崇「貴柔、無為、不爭、處下、守雌」的原則。水就是依靠其柔性隨形而變，卻又無處不滲透。我們做事要像火一樣熾熱猛烈，待人要像水一樣柔軟透明。這是領導的藝術，也是處理人際關係的藝術。

當與同級出現矛盾、需要溝通時，彼此之間要能夠保持謙遜的

姿態，矮半截說話，退一步海闊天空，要給對方臺階下，不可步步相逼。

內方外圓

方是指原則與規則，是有稜有角的，不可以隨意改變的；圓是指圓通與靈活，在處理人際關係時，尤其是對待他人的不同意見，要懂得靈活變通。

在酒店管理中要掌握內方外圓的處世技巧，要保持自己的原則，又要能夠靈活處理各種紛繁複雜的人際關係。處世內方外圓（銅幣）的人，既講究處事原則，又不失變通，自然能夠靈活應變。而做事太講究原則、缺少方式方法，也就是外方內圓（枷鎖）的人，因為戴上了太多的「枷鎖」而很難與他人融洽相處。「銅幣」與「枷鎖」所告訴我們的做人做事的道理，值得借鑑。

案例 直言相告未必對

金小姐已經工作好幾年了，各種各樣的人和事都已經遇到過不少，但是她總是很容易得罪人。原因在於她心裡擱不住事情，有什麼就說什麼，從來不會隱瞞自己的觀點。

有的同事把茶水倒在紙簍裡，弄得滿地都是水，她會叫他不要這樣做；有的同事在辦公室裡抽菸，她會請他出去抽；有的人愛沒完沒了地打電話，她就告訴她不要隨便浪費公司的資源……她這樣做是好心，因為上述情況如果讓經理看到了，免不了會受到批評。

可是，好心沒好報，她這樣做的後果是把同事們都得罪了。每個人都對她有意見，甚至大夥一起去郊遊也故意不叫上她。金小姐對此實在想不通，就向經理反映，沒想到經理也不怎麼支持她，反倒弄得她在公司裡更加被動。金小姐很困惑：明明我是實話實說，為什麼結局會這樣呢？難道做人就一定要虛偽嗎？

作為酒店的經理，要根據不同的環境與同事進行溝通，要委婉

地向同事表達準確的意見。其實案例中的金小姐說實話並沒有錯，心胸坦蕩、為人正直是許多人都讚賞的美德，但實話實說也要考慮時間、地點、對象以及他人的接受能力。如果說話過於坦率，言辭過於生硬或激烈，不但無法表達你善意的初衷，而且會給自己帶來麻煩。

合作共贏

酒店經理人在工作中所要尋求的是團隊合作實現團隊績效。在工作中與人意見不合、發生矛盾是難免的，重要的是能夠以平和的心態、在力求雙方利益兼顧的基礎上求得最佳的解決方案，能夠站在對方的角度考慮，為對方著想，以達到合作共贏的目的。

案例

一家酒店剛剛開業，生意火爆，又正值十一黃金假期，客房供不應求，前一個團體剛剛退房，後一個團體就已經在大廳等著進房，客人紛紛在大廳抱怨著酒店的工作效率低下，一些性格急躁的客人甚至已經不耐煩。櫃台要應對很多客人，很是焦急，多次催促客房趕緊清掃，報OK房，管家部也催急了，說話有些犯沖了，兩個部門由此展開了口舌之戰。

櫃台：你們管家部怎麼這麼慢啊，催了一遍又一遍還是沒有房間，這麼久也不報OK房，是不是已經完成了也故意不報，讓我們難堪啊！

管家部：你們催命鬼一樣地催促，我們都給你們催死了。哪裡有這麼快的啊！

櫃台：有什麼了不起的，你們不是自命十分鐘一間房嗎？現在的效率到哪裡去了啊？

管家部：笑話，你們來做做看！

部門之間相互不瞭解部門、班組的業務，往往習慣站在自己的角度看問題，部門本位主義嚴重。櫃台認為管家部偷懶，沒有及時報OK房；客房部受了委屈，認為工作任務重，工作完成沒有那麼快。兩者之間沒有相互體諒，為一點問題就鬧起矛盾。

特別提醒

「歐洲戰神」拿破崙說過：一隻獅子率領一群綿羊的隊伍，可以打敗由一隻綿羊帶領一群獅子的部隊。這句話有兩層意思：一是只要有一個優秀的指揮官，他就可以將一支平庸的隊伍調教成富有戰鬥力的隊伍；二是只要有強大的團隊凝聚力，再強大的對手也可以戰勝。所以，我們需要利用團隊凝聚力讓綿羊變成獅子——培育團隊精神。

「一花獨放不是春，萬紫千紅才是春」，「眾人拾柴火焰高」，這些道理大家都懂。在酒店行業大家要樹立團隊意識，酒店經理更要培養員工的團隊精神。團隊精神是現代酒店管理成敗的關鍵因素，只有團隊合作才能鍛造團隊的凝聚力，實現合作共贏。

謙讓體諒

不論誰先進入酒店行業，或者誰的經驗多一些，資格老一些，面對同事都要學會謙虛，多稱別人為「前輩」，這對於你來說是有百利而無一害的。一個人只有學會了謙虛，在需要幫助的時候才容易得到別人的幫助。我們還要學會去體諒別人，幫別人把事情分析好，還要讓別人想方設法說「是」、「可以」，要多為他人著想。同級之間要保持互助協作的良好關係。

程老師建議

與同級相處一定要

◇矮半截說話，退一步海闊天空；

◇學會處理好「內方外圓」的做人處世原則；

◇實現合作共贏；

◇要謙讓體諒他人。

同級部門溝通技巧

同級部門溝通的影響因素

溝通渠道

部門之間需要增進瞭解，溝通途徑不夠多會導致片面的訊息以非正式的途徑傳遞，極易造成相互間的隔閡。

問題掩蓋

溝通過程中，會暴露更多的問題。但我們酒店經理人對溝通的認識往往存在一個失誤：擔心溝通會議的氣氛被搞僵，於是，對問題刻意遮掩。而事實上暴露的問題，特別是一些細節問題，恰恰是解決問題的前提。

方法差異

對於各個部門之間傳遞的數據，包括統計方法需要進一步審核和完善。尤其是對於營業業績、財務帳務等方面要統一計算標準以便進行部門之間的比較。核算方法不同，會影響績效評價。績效評價的公允與否直接影響同級部門間的關係。

文件不全

酒店的職位職責、管理規章等以文件的形式存在，酒店的文件必須齊全完善，適應酒店經營發展的需要。文件是訊息傳遞的重要載體，文件不完備，必然導致溝通無效率，尤其會影響部門間的業

務銜接，不利於酒店經營管理。

訊息脫節

訊息傳遞和協調工作在特定時間段內進行最有效力，而部門之間的訊息傳遞脫節、滯後，往往影響部門間的協同性。

接口漏洞

部門之間的接口雖然覺得已經是分配到位了，但是往往還是會出現一些細節沒有人關注的情況。由於部門相互之間沒有相應的約束力，什麼時候做完，完成到什麼程度沒有詳細規定，於是，已經完成的工作若達不到下一環節的需要，部門之間會相互推諉責任。

思考

銷售部認為人力資源部一直不能招到合適的銷售經理，是因為人力資源部的工作沒有做到位。你如何看待銷售部的意見？

提示：不妨多做點調查，如果其他部門也存在類似的情況或持有相同的看法，就需要透過會議討論找到原因所在——可能是酒店的薪酬待遇不夠優越；也可能是部門對人才的要求太高；也可能是招聘的方式不夠恰當。只有找到原因所在，對症下藥，才能從根本上解決問題。

同級部門溝通技巧

思考

在酒店的部門經理例會上，我們時常會聽到這樣的對話：

管家部經理：「這個問題我們早就發現了，並且多次聯繫工程部維修，但維修不徹底。」

工程部一聽，立即把皮球踢走，說道：「我們盡力去修理，但材料沒有到位不能更換。」

財務部（負責酒店物品採購）又說：「是廠商原因致使材料不到位。」或者是說：「採購資金沒有到位。」

一場部門經理的爭論就此拉開序幕......

如果你是主持例會的總經理，你該如何制止他們的爭論？會後你會採取哪些措施來避免再次發生這樣的爭論？

明確責權範圍

同級部門之間職責不清，部門成員之間職責不清，權力範圍不清，將會導致雙方不擇手段爭奪利益，出現問題相互推脫責任。

解決這些問題的方法還是要明確職權範圍，劃定任務責任，每一件事情都由確定的部門來完成。當部門之間的一些工作有關聯時，需要做好相互銜接的工作，透過制度設計將其中的這些環節一環緊扣一環連接起來，不可出現任務漏洞，要做到酒店的每一個地方、每一件物品都有相關部門負責，不能出現任何管理盲區。

強化服務意識

在酒店關係中，往往存在著無數的「服務關係」，任何接受服務的人都是服務的對象。這些服務的對象並不只是狹義上的賓客，也有你的上級、下級、你的同事，或者是其他部門的同事。下一個環節是上一個環節的服務對象，要將其視為「內部賓客」來提供最為優質的服務。

規範操作制度

酒店運營講求規範化作業、講求制度化管理，我們進行跨部門的工作協調與控制，主要還是透過制定相應的制度來實現管理。這個制度可以是事件應對的操作流程，也可以是工作中的一些獎懲制度。

加強溝通培訓

平行溝通之間不存在誰指揮誰，誰命令誰，往往是友情式的幫忙與協助，他們之間沒有明確的上下級關係鏈，多瞭解同級部門的工作職責有助於彼此理解。酒店多採用交叉培訓的方式來密切同級部門之間的聯繫。交叉培訓應該在酒店各個層次間進行，上到中層管理人員，下到一般員工，也可以跨部門進行，尤其是那些業務聯繫密切的職位、部門。例如：可以安排客房部與工程部交叉培訓，客房部學習客房設施設備的保養常識及客房設備用品小修小補的技能；工程部則學習在客房維修時的注意事項及遇見客人時的禮節禮貌。交叉培訓也可以在部門內部進行，例如：對接待、收銀、問訊三個班組進行交叉培訓，人員互相替補，從而達到減少人員、提高工作效率的目的。

疏通溝通渠道

溝通渠道的暢通在溝通中尤其是同級溝通中至關重要。也可以說，溝通渠道暢通與否，在很大程度上決定了溝通的成敗。在酒店中建設完善的正式溝通渠道常常採用的是電話溝通、通報、備忘錄、協調會等方式；而非正式的渠道則是相對來說氛圍比較寬鬆的溝通形式，如餐間聊天、聯誼活動、郊遊等等，有些問題透過非正式的溝通渠道更易得到化解。

避免矛盾上交

部門之間如若發生了問題與矛盾，甚至是發生了衝突，儘可能要自行解決，如果將情況反饋到上級，反倒更加不利於部門之間的協調，會影響今後的工作配合以及個人未來的發展前景。比如可能會出現故意疏遠、挾怨報復等情況。所以，出了問題還是透過自己來溝通解決，本著謙遜的姿態、互諒互讓的精神通常能夠達成和解。

充分發揮管理人員的作用

我們常說上行下效，作為管理人員在溝通過程中發揮著重要的作用。管理人員在溝通中應該要積極主動、態度真誠、主動配合，學會換位思考，協調矛盾，要學會「自己的事情自己做好，別人的事情要主動幫著做」，充分發揮管理人員的帶頭模範作用。

展開各種形式的交流

同級部門之間的溝通需要借助多種形式的交流，我列舉幾種供讀者參考：

● 召開座談會，瞭解其他部門的需求。

● 開茶話會，舉辦內部聯誼活動，增進內部人員的情感交流。

● 定期出版報紙、板報或內部網訊，溝通內部訊息，增強凝聚力。

● 經常開展調研活動，與有關部門進行協同調查。

程老師建議

◇ 明確職責範圍；

◇ 強化服務意識；

◇ 規範操作制度；

◇ 加強溝通培訓；

◇ 疏通溝通渠道；

◇ 避免矛盾上交；

◇ 充分發揮管理人員的作用；

◇ 開展各種形式的交流。

典型的人際溝通技巧

同級相處五大原則

生活中，我們常常提到「愛妻五大原則」：一是太太不會有錯；二是如果太太有錯，一定是我看錯；三是如果不是看錯，也一定是因為我的錯，才造成太太的錯；四是總之太太不會有錯；五是只要認為太太不會錯，日子過的一定很不錯。其實如果將這些原則使用到與同級的溝通中去的話，道理也是一樣的，不妨讓我們嘗試運用到與同事的相處上，這五條原則也是適用的。

以和為貴

中國人往往會奉行中庸之道的處世哲學，而中庸之道的精華之處就是以和為貴。

同事作為你在工作中的重要合作關係，難免會遇到利益上的衝突，例如，職位的晉陞上的名額、工作績效的考評、功勞的分擔等等，往往會使同事之間勾心鬥角。遇到這些情況，最好的辦法就是和解。這不僅能使同事之間和睦相處，而且能在上級面前樹立良好的形象。

● 尊重對方，不可自傲自滿，不可凡事都認為自有一套。

● 不講同事的壞話。

● 不可自吹自擂。

● 多協調、多合作、多溝通。

● 多站在對方的角度想問題，少站在自己的角度想問題。

● 別人不肯與自己合作，是因為自己先不與別人合作。

君子之交淡如水

「君子之交淡如水，小人之交甘若醴」，是說君子之間的交往清淡如水，而不是互相拉攏、利用。對待同事關係要有平和、淡然的心態，過從甚密的同事關係容易讓人以為是搞小團體，不利於整體團隊成員的團結。

解決衝突與矛盾

學會淡忘

任何同事之間的意見往往都是起源於一些具體的事件，而並不涉及個人的其他方面。事情過去之後，這種衝突和矛盾可能會由於人們思維的慣性而延續一段時間，但時間一長，也會逐漸淡忘。所以，要學會「放下」，不要因為過去的小摩擦而耿耿於懷。只要你大大方方，不把過去的事當一回事，對方也會以同樣豁達的態度對待你。

保持工作關係

即使對方仍對你有一定的成見，也不會妨礙你與他的交往。因為在同事之間的來往中，我們所追求的不是朋友之間的那種友誼和感情，而僅僅是工作。彼此之間有矛盾沒關係，只求雙方在工作中能合作就行了。

由於工作本身涉及到雙方的共同利益，彼此間合作如何，事情成功與否，都與雙方有關。如果對方是一個聰明人，他自然會想到這一點，這樣，他也會努力與你合作。如果對方執迷不悟，你不妨向他點明，以利於相互之間的合作。

主動化解

要化解同事之間的矛盾，你應該採取主動態度，你不妨嘗試著拋開過去的成見，更積極地對待這些人，至少要像對其他人一樣地對待他們。一開始，他們會心存戒意，而且會認為這是個圈套而不予理會。將過去的積怨平息的確是件費工夫的事，耐心一些，你要

堅持善待他們，一點點地改進，過了一段時間後，你們之間的問題就如同陽光下的水珠蒸發掉一樣消失了。

論資排輩

如果同事的年齡資格比你老，你不要在事情正發生的時候與他對峙，除非你肯定你的理由十分充分。更好的辦法是在你們雙方都冷靜下來後解決，即使在這種情況下，直接地挑明問題和解決問題都不太可能奏效。

你可以談一些相關的問題，當然，你可以用你的方式提出問題。如果你確實做了一些錯事並遭到指責，那麼要重新審視那個問題並要真誠地道歉。類似「這是我的錯」這種話是可能創造奇蹟的。

城門失火，殃及池魚

「城門失火，殃及池魚」，同事與我們的關係往往就是「城門」與「池魚」的關係。所以，對於同事的錯誤要學會諒解，幫助他一起解決，當自己的工作完成以後，要幫助同事完成，因為，作為一個團隊，同事的效率高低對你的工作成效也有影響。

要學會與不同類型的同級打交道

傲慢型

性格高傲、孤芳自賞、舉止無禮、出言不遜的同事總是會使人不快。對待這類同事，你不妨採取以下措施：首先是儘量減少與這類人相處的時間。在和他相處的有限時間裡，要儘量充分地表達自己的意見，不給他表現傲慢的機會。其次是交談要言簡意賅，儘量用短句子來清楚地說明你的來意和要求，給對方一個乾脆利落的印象，不給他擺架子的機會。

死板型

與這一類人打交道，你不必在意他的冷面孔，相反，應該熱情洋溢，以你的熱情來化解他的冷漠，並仔細觀察他的言行舉止，尋找出他感興趣的問題和比較關心的事進行交流。一定要有耐心，不要急於求成，只要有了共同的話題，相信他的死板會大大減少，而且會表現出少有的熱情。

好勝型

這種類型的人狂妄自大，喜歡炫耀，總是不失時機地表現自我，力求顯示出高人一等的樣子，在各個方面都好占上風。對於這種人，要時時處處地謙讓著他，忍耐遷就，但是你要在適當時機挫其銳氣，使他知道「山外有山，人外有人」，不要不知道天高地厚。

城府型

這種人對事物不缺乏見解，但是不到萬不得已，他不輕易表達自己的意見。這種類型的人一般都工於心計，總是把真面目隱藏起來，希望更多地瞭解對方，從而能在交往中處於主動的地位，周旋在各種矛盾中而立於不敗之地。和這種類型的人打交道，一定要有所防範，不要讓他完全掌握你的全部秘密和底細，更不要被他利用，從而陷入他的圈套之中而不能自拔。

口蜜腹劍型

口蜜腹劍的人，「明是一盆火，暗是一把刀。」碰到這樣的同事，最好的應對方式是敬而遠之，能避就避，能躲就躲。如果在辦公室裡這種人打算接近你，你應該找一個理由想辦法避開，儘量不要和他一起做事，實在分不開，不妨每天記下工作日記，為日後應對做好準備。

急性型

遇上性情急躁的同事，你的頭腦一定要保持冷靜，對他的莽

撞，你完全可以寬容的態度一笑置之，儘量避免爭吵。

刻薄型

刻薄的人在與人發生爭執時好揭人短，且不留餘地和情面。他們慣常冷言冷語，挖人隱私，常以取笑別人為樂，行為離譜，不講道德，無理攪三分，有理不讓人。碰到這樣的同事，你要與他拉開距離，儘量不去招惹他。吃一點小虧，聽到一兩句閒話，也應裝作沒聽見，不惱不怒，與他保持距離。

思考

同事中有讓你氣不順的人嗎？你該如何與他合作共事呢？

本章小結

酒店同級部門之間、同事之間難免會存在著溝通上的障礙，要正確處理與同級之間的關係就必須矮半截說話，採用內方外圓的待人處事態度，最終實現合作共贏的局面。與此同時，我們還要掌握有效的平行溝通技巧及典型的人際溝通技巧，進而達到同級有效溝通的目的。

心得體會

◎ _____

◎ _____

◎ _____

◎ _____

◎ _____

◎ _____

◎ _____

第五章 與下級溝通的藝術

本章重點

● 正確認識下級

● 解決與下級溝通問題的方法

● 與下級溝通的技巧

正確認識下級

與下級溝通的定義

與下級的溝通，也是下行溝通，是指組織的上層主管把組織的目標、規章制度、工作程序等向下傳達。下行溝通也有重要意義：組織的廣大員工只有瞭解了組織總的奮鬥目標和具體措施，才能以主人翁的態度去積極完成各項工作任務。

一個成功的酒店經理人必定是知人善任，善於調動和發揮下級積極性、主動性，與下級群策群力齊奮進、一起共事的人，是能夠與下級有效溝通的團隊領導人。

正確處理好與下級的關係

善於授權

酒店經理人的管理往往具有很強的機動性，需要及時應對各種突發狀況。作為上級，在管理過程中要充分放權，適當授權，讓下級可以靈活處理各種突發事件。管理者在選拔人才時要充分考慮其全面的能力，如適應能力、應變能力、品性品格、綜合管理能力、

專業知識與技能等等，從而能夠恰當地為其安排適當的職位，給予適當的權力與責任。

信任下級

俗話說「用人不疑，疑人不用」，酒店經理在與下級溝通的過程中要充分相信下級，上級的信任往往是下級積極工作的原動力，是下屬能夠有效開展各項工作的基本保障。當然，信任是相互的，下屬同樣會以其足夠的信任來回報上級，這些回報可能是組織的績效，也可能是對於組織的忠誠度。

適當的鼓勵與支持

經理人在酒店管理中充當著「教練員」的角色，要充分理解和支持下級的工作，並且在下級需要幫助的時候給予其適當的鼓勵與支持，以激發起下級的鬥志，幫助其解決問題，攻克難關，使下級在工作中取得成就。

用心溝通

酒店經理人在與下級的溝通中，應該要放下主管的架子，以一種平和的、易於接受的方式去與下屬談心，從而瞭解下屬的真實想法。當解決具體問題時，主管要換位思考，不妨從下屬的角度來看問題，進而幫助下屬尋找解決方法。領導者要成為引導者，要引導下級關愛同事，工作中協同配合；要引導下級多做工作自我評估，反思自己的不足，努力自我提高。上級要聆聽下屬的意見，以增強下級參與組織項目的意願，強化對工作項目的認同感。

案例

我是一名保潔公司的清潔工，一般情況下只要顧客不挑剔，就已經是很幸運的事情了。

有一次，我去一個政府官員家裡做清潔。女主人給我佈置完清

潔工作後，突然問我：「我現在是否可以抽一支菸？」我吃了一驚，誠惶誠恐地說道：「這是您家呀，為什麼還要問我？」

她接著說：「抽菸會妨礙你，當然應該得到你的允許。」我趕忙說：「您以後不用問，儘管抽好啦！」她這才拿起菸。

我不得不承認，在那一刻，我非常高興，也非常感動，因為我得到了尊重，即使在別人家裡，我也是和主人一樣平等。從那以後，不論在哪裡，我都用心地工作，因為我感受到了我勞動的價值。

程老師建議

◇ 尊重=「尊」+「重」。與別人溝通時，只有給對方「尊」，自己的話才會「重」。

◇ 酒店經理只有時刻把尊重放在心上，與下屬溝通時才會更容易獲得下屬的認同。

監督

監督是實施管理的重要一環：對於員工的行為要進行監督，對員工的心理動向要進行監督，對員工的工作績效要進行監督。

透過監督，上級可及時糾正下級工作的失誤與偏差，確保下屬的行為符合酒店的規章制度，並切實提高下屬的執行能力。

感激

上級要學會感激下級在工作中做出的努力，並且將成績歸功於團隊全體的配合；感激下級對於自己的擁護與愛戴，要感激下級能夠使自己有存在的價值。

低調做人

低調做人不僅是一種境界、一種風範，更是一種思想、一種哲

學；低調做人是一種品格、一種姿態、一種胸襟、一種智慧、一種謀略，是做人的最佳姿態。作為一個主管，首先必須學會低調做人，要於人寬容，才能為人們所悅納、讚賞，進而贏得他人的欽佩，這正是人立世的根基。低調做人更能夠保護自己，使自己融入群體，與大家和諧相處，也可以讓人暗蓄力量、悄然前行、成就事業。

姿態要低調

上級在與下級溝通時不要擺出一種高高在上的姿態，雖要給予下級威懾力，更要有親和力，能夠讓下級感到你是平易近人的，能夠為他所信任。

心態要低調

上級在與下級溝通時不要恃才傲物，不要鋒芒畢露。謙遜是一種美德，可以使人終生受益。保持謙虛的心態，有助於你在與下級的溝通中學到一些有益的東西。

行為要低調

主管在進行巡視督導時不要孤高自傲，不能太顯示自己的聰明，要學會察言觀色，學會應對處理各種不同的情況，儘量透過一對一溝通來解決問題。

言辭要低調

在與下級溝通時，切不可揭人傷疤，不可傷人自尊，不要逞一時的口舌之能，否則會引起下級的反感，造成下級見到上級會緊張，甚或厭惡上級。

特別提醒

低調做人：姿態低調，心態低調，行為低調，言辭低調

一碗水端平

對於酒店的員工要一視同仁，不能搞特殊主義，更不能搞「圈外群體」，「小團體主義」要不得。我們在酒店管理中常常會發現部門之間的「小團體」現象較為嚴重，本部門的事情會做好，別的部門的事情互不理睬，部門之間的「公共區域」無人問津，一些問題不斷地被「踢皮球」，導致小問題都得不到解決。例如，分析一個投訴，客房部說前檯的問題，前檯說預訂的問題，你推我躲，最後問題仍然得不到解決，以致客人流失。所以，作為一名經理人，要切實做好一碗水端平，對於部門之間的問題要重視，對「小團體」要嚴加整治。

高調做事

高調做事並不與低調做人相衝突。高調做事並不是指扛著紅旗，喊著口號，有點小本事就班門弄斧，讓滿世界的人都知道你的豐功偉績；它是指我們在工作中要保持一種嚴謹的工作態度，認認真真做事情的意思。做事就是做正確的事情，正確地做事情，作為酒店的經理人，要將工作當成事業來做，而不是一種謀生的途徑。

行動要高調

成功貴在高調：知道不等於行動，做到等於行動。只有觀念改變，態度才會改變；態度改變，行動才會改變；行動改變，習慣才會改變。

特別提醒

知道不等於行動，做到等於行動。只有觀念改變，態度才會改變；態度改變，行動才會改變；行動改變，習慣才會改變。

成功的酒店經理都是有明確的工作目標來支撐他們的行動的，他們一旦有了目標便會立刻著手去做，為了實現目標不斷地付諸行動，付諸實踐，並且相信自己的能力，自己的優勢，朝著目標努力前進。

思想要高調

作為酒店的管理者，必須在工作中保持樂觀、積極向上的心態，要有堅定的信念，遇到棘手的問題不可找理由搪塞，不可找藉口推脫，而是要積極面對，主動承擔責任。

另外，經理人要擁有敏銳的管理意識，要主動學習各種先進的管理理念，掌握最新的行業知識，要具有前瞻性的眼光，要具有戰略性的目標規劃。

細節要高調

「細節決定成敗」，我們在工作中是否注重細節是決定事業成功與否的關鍵。作為經理人要以滿腔的熱情投入到工作中去，不管是大事還是小事，尤其要在小事上能夠盡心盡力，不要讓「一顆老鼠屎壞了一鍋粥」的局面出現，做事要注重細節，就要力求做到「五求」：求精、求實、求新、求嚴、求先。

特別提醒

高調做事：行動高調，思想高調，細節高調

案例 讓酒店充滿愛

餐飲部王經理發現員工小朱最近工作表現大不如以前。他雖然對小朱的業績不滿意，但並沒有責備她，而是把她請到辦公室，問她說：「你一向對工作都很認真，不是一個工作馬虎的人，並且我認為，你有相當的能力去完成你目前的工作。但是，我發現最近你好像並不是很開心……難道是家裡面出現問題了嗎？」

小朱臉紅了，幾分鐘以後，她點點頭。

「我能幫忙嗎？」王經理又問道。

「謝謝，不用。」看到王經理溫和的目光，小朱才開始訴說她的苦惱：她和母親兩人在這個城市打工，可是母親突然重病在床，

因此，小朱心情很是焦慮。王經理安慰了小朱之後，便立刻召集餐飲部所有管理人員召開了緊急會議，討論決定幫助小朱將母親送至本市最好的醫院接受治療，並安排值班人員每日輪流照顧，號召管理人員帶頭，餐飲部全體員工為小朱的母親募捐，幫助小朱籌集治療費用。當小朱手捧「愛心箱」時，感激之情已無以言表，哽咽地說：「謝謝各位主管、各位同事，我一定會好好工作、努力工作！」

當經理人遇到表現欠佳的下級，案例中的王經理採取了主動關懷下級、積極與下級溝通的方式，透過與員工聊天瞭解下級員工心情不好的原因，即使幫助不了什麼，也讓下級感受到主管的關心，上級也理解了她的苦衷與問題。

管理者要對表現欠佳的下屬體貼關心，透過溝通來瞭解員工表現欠佳的原因，切忌主觀推斷，隨意下結論；有溝通才會有理解，溝通是管理者改善與下屬關係的有效武器。

程老師建議

◇ 酒店經理要瞭解下屬在團隊中的重要作用。

◇ 要學會「放風箏」，把握好授權的度。

◇ 要學會用心溝通，切實站在下屬的角度思考。

◇ 要學會感激下屬的貢獻，感激下屬的愛戴與支持。

◇ 要學會「疑人不用，用人不疑」。

◇ 酒店經理人要學會低調做人，高調做事，一碗水端平。

解決與下級溝通問題的方法

瞭解你的下級

有這樣一個小故事：鐵桿與鑰匙都要去打開一扇大門的鎖，鐵桿花費了很大的力氣也不能將鎖撬開，而鑰匙卻是輕而易舉就打開了門鎖。鑰匙的秘訣在於，它能夠理解鎖的心。

作為一個上級，要瞭解下級的心才能夠懂得如何去領導下級，讓下級聽從自己的指揮去出色地完成任務。

善於察言觀色

觀察員工是如何工作的，他們與同事的相處之道是什麼，他們在傾聽和說話時有何表情，特別需要觀察他們的異常情況，透過細節的觀察能夠瞭解到員工在工作中的一些問題，充分瞭解員工的工作態度、工作風格以及工作完成的狀況，進而能夠有針對性地進行交流溝通。

與員工交流他感興趣的話題

我在《管理與溝通》這本雜誌上看到的一項調查是這樣的，員工最感興趣的話題包括以下六個方面：

● 企業未來的計劃；

● 生產率的提高；

● 企業效益的提高；

● 人事政策和實行情況；

● 與職責有關的訊息；

● 外部事件對於自己職責的影響。

談與員工的發展密切相關的問題，向員工傳遞有關組織發展的明確訊息，可增強組織的凝聚力。

滿足員工的情感需求

以我的工作經驗我總結出一些比較實在的員工對於上級的情感

需求，其實這些需求並沒有我們想像中的那麼「苛刻」：

● 偶爾鼓勵，握一下手，拍一下後背；

● 能夠聽聽我說的話；

● 不要總是逼迫我做這個做那個；

● 能夠給我的工作提出建設性的意見與幫助；

● 能夠跟我打個招呼知道我的名字；

● 能夠關心我的感受與需要；

● 能夠對於我的工作關注一點。

給予工作關注

酒店管理人員在巡視工作的時候，應該要更多地關注員工的工作，注意瞭解員工的性格特點，應當花時間去瞭解怎樣的鼓勵與表揚才是合適的，應該為員工做一些特別的事情。恰如其分的關注，能夠激勵員工，讓員工對上級產生更高的忠誠感，保持對工作的樂觀積極態度。

注意雙向溝通

溝通是相互的，上級注意溝通時要清楚地表達自己的觀點，清晰地列出發布的命令、分配的任務，同時，也要從執行者那裡得到意見，拓寬自己的思路，瞭解下級的心理，從而使工作能夠更加完美地完成。

學會傾聽

上級要以豁達的心態、開明的觀念來聽取下級的意見，不要總是打斷下級的講話，要鼓勵下級充分表達意見，讓下級感受到他被重視。上級切不可在下級還沒有來得及講完自己的事情前就按照自己的經驗大加評論。

讓員工參與

我有一次在酒店走廊裡聽見一位員工這樣抱怨道：「餐廳的事情又不關我的事，幹嘛要讓我來做啊！」，這樣的抱怨似乎常常出現在我們耳邊。酒店的任何決策、任務都需要下級員工去執行，為此，管理者要讓下級參與管理，參與決策，讓員工發表意見，如果採取直接命令式，往往容易引起下級的抱怨情緒。

給下屬提供渠道

上級要與下級好好溝通，就要採取相應的措施，要為他們建立起各種溝通渠道：

● 上班前的例會、下班後的總結會；

● 走動式管理，多與員工接觸；

● 設立意見箱；

● 員工懇談會。

營造良好的氛圍

多多關心員工

作為經理人，不要吝嗇把關愛傾注於自己的下級，當下級感受到關心與愛護時才會真誠奉獻，只有當下級真正開心的時候才會綻放出發自內心的微笑，帶給賓客愉悅的服務。努力發揮「辦公室興奮劑」的作用，或者找到這樣的活躍分子，讓團隊在愉快的氛圍中合作，高效率地完成工作。

增進相互瞭解

要使酒店上下級之間相互瞭解，增進情感，可以透過以下兩種手段來實現：

學會換位思考

酒店經理人在工作中經常會抱怨說：「這種事情我已經強調了不知道多少遍了，還是做不好！」抱怨下級對於自己強調的事情執行力度不夠等等。這種指責雖然不能簡單地說對或者是錯，但是要把責任全部推給下級顯然是不正確的。經理人要學會經常換位思考，真正站在下屬的角度，去感受下屬所思考的東西，才能有效地開展工作。

進行有效培訓

透過培訓，員工可以學習到其他職位的業務技能，是增進員工間理解、溝通、合作的良好途徑。此外，培訓可以使員工在工作中更容易換位思考，充分體會上級的甘苦，從而能夠更加有效地配合上級的工作。

有效下達工作指令

工作指令要完整清楚

上級發布工作指令並不一定在會議室裡，其環境可能是廚房，可能是大廳，可能是酒吧等等，不管發出指令時環境是多麼複雜，時間是怎樣倉促，都要保證指令清晰完整，使下級能夠理解。

避免使用命令的方式

命令是帶有層級關係的，是強制性的，命令往往使下級感到壓抑，認為被剝奪了自我決定的權利，無法體現自己的創造性，所以，上級應該要儘量避免以命令的方式來與下級進行溝通。

促使下級積極接受命令

很多酒店經理人常犯的錯誤是，以一種高高在上的姿態與下級說話，並且以命令的口氣要求下級完成任務。但是，我們必須知道，沒有人是喜歡被命令來命令去的，包括自己的下級。所以，要學會尊敬自己的下級，採用下級能夠接受的方式與其進行溝通，然

後才能夠讓下級按照自己的指示去執行。

思考

你覺得自己下屬的執行力強嗎？如果他們的表現還不夠讓你滿意，是下屬力不能逮，還是他們不情願呢？想一想你要如何改變這種狀況。

儘可能用培訓的方式下達命令

我們在給下級指示的時候還要同時教會他們怎麼做，常見的錯誤做法是，招了新員工，未經培訓或培訓還未合格就讓其直接上崗，其出現差錯的可能性就較大，所以，我們要學會用一種既是命令又是培訓的方式來下達工作任務。

注意獲取反饋

同一件事情，不同的人對它的理解差別是非常大的，在我們日常的溝通中也是如此。當你講述了一件事情，你認為可能已經表達清楚了，但是，不同的聽眾可能會有不同的反應，所以，我們注重聽者的反饋，根據反饋判斷溝通的效果。

給下級更大的自主權

一旦決定由下級全面負責某項工作，就應該儘可能地給他更大的自主權，讓他可以根據工作的性質和要求，更好地發揮自己的能力，使計劃能夠順利實現。

適當的鼓勵與支持

適當的鼓勵與支持才能夠讓下級有更大的積極性去參與工作，更加出色地完成工作。

讚揚下級的方法

讓員工知道你賞識他們

我在酒店巡視的時候只說「三個好」：「你好」，「很好」，「非常好」，透過這樣的方式能夠讓下級知道你肯定了他們的工作，並且你已經看到了他們工作優秀的地方，肯定了他們的努力與成績，讓下級感受到你在讚賞他們的優點。如果在現場巡查過程中發現下級工作不當的地方或者失誤的地方，那麼，可以找下級單獨進行交流。

案例

美國泰克公司的弗洛倫製作了一種「你做得真棒」的通知卡，讓公司員工互相贈送。弗洛倫說：「當人們花時間把名字寫在一張紙上並對你說這些好話時，這意味著更多的東西。員工們經常把這種通知卡貼在相鄰同事的桌上。」

總部設在亞特蘭大的家得寶公司是一家從事家庭裝修的材料供應商，公司讓每個商店每個月選出一名工作表現優異的員工。獲獎者可以得到100美元現金、一枚獎章和一枚佩戴在工作服上的特別徽章。該員工的名字還會被刻在公司的一件裝飾品上。

上述兩個案例都是正面激勵，透過讚美、肯定，讓員工表現得更加優秀。

讚揚的態度要真誠

讚揚必須是真心的，而不是虛情假意的敷衍，大多數人總是從對方說話是否真誠的角度來決定是否交朋友，這也是與他人建立良好人際關係的基礎。

讚揚的內容要具體

讚揚的內容要具體，讚揚他人要就事論事，哪件事情哪個方面做得好，值得讚揚，要說的具體才能夠讓被讚揚者高興，引起情感上的共鳴，發揮讚揚的效果。

適當運用間接讚美的技巧

間接讚美就是借用第三者的話來讚美對方，效果往往比直接讚美對方要好很多；另一種方式就是在當事人不在場的時候讚美。背後的讚美都能傳達到本人，除了能造成讚美的激勵作用以外，更能使被讚美者感到你的讚美是真摯的。

注意讚揚的場合

在眾人面前被讚揚與在私底下被讚揚是有很大的區別的，也是我們所說的「社會促進效應」，公開讚揚能夠使下級受鼓勵的程度更大，是讚揚部下的最好方式。

及時讚揚

讚揚要及時。如果是在事情發生以後的數週才表達你的讚美，遲到的表揚會失去其原有的味道，自然也不會令人興奮與激動，讚揚就失去了其原來激勵的意義。

讚揚不要又獎又罰

上級對下級進行讚揚應當將表揚、批評分開，不要混在一起，表揚就是表揚，批評就是批評；若要批評，再找合適的機會。

思考

你對下屬表揚時是否曾經這樣：「你的表現很優秀......但是......」講過「但是......」後，你觀察過下屬的表情嗎？下次去掉「但是......」，再看看下屬對你讚揚的反應。

案例 這樣表揚難認同

臨近春節，喬處長在年度總結會議上提到年度工作成績時，說道：「小李一年中發表了十幾篇文章，可見小李勤於學習、鑽研，工作能力強，其他人要向小李學習啊！」

話音剛落，一位年輕的下級就插話道：「工作能力不能以文章來衡量，寫作能力強弱不能以文章發表的多少來衡量，發表的多搞不好都是文字垃圾，很多名人一輩子就發表有限的幾篇，但影響卻非常廣，能說人家能力低嗎？」喬處長感到很尷尬，趕緊進行解釋，雙方最終都很不高興。

作為酒店的經理在讚揚下級的時候應該要充分考慮讚揚的各個方面，並且要保持與全體下級的充分溝通，才不至於出現尷尬的局面。管理者讚揚下級要有理有據，並充分考慮其他下級的感受，千萬不能讚賞一個，打擊一片。作為酒店的管理者，要經常與下級溝通，並做到全面和有序，只有這樣，才能讓自己掌握的情況更加全面。

批評下級的方法

尊重客觀事實

批評他人往往是比較嚴肅的事情，所以在批評的時候一定要客觀具體，應該要針對錯誤的關鍵，批評一定要在弄清楚事實真相的前提下才能批評，要避免主觀臆斷的批評。

以真誠的讚美開頭

一個人犯了錯誤並不代表他一無是處，所以在批評下級時，如果只是完全提他的缺點，他就會心理不平衡，感到委屈。所以，我們首先要以一個真誠的讚美開頭，以承認他的努力為開頭。

特別提醒

讚美一個人時不可混雜批評，但批評一個人時一定要以承認他的努力來開頭。這樣處理才不會引發被批評者的牴觸情緒。

談論行為不談論個性

談論行為不談論個性，就是只討論一個人所做的事情而不是討

論他的人品，更加不是辨認他是好人還是壞人。很多人認為，經理人只是根據事實和下級溝通，會顯得有些冷淡，但是，這正是專業的表現。

● 談論你觀察到的行為，避免談及你對別人所做事情的主觀感受；

● 討論員工的行為，而不是他們的個性；

● 訊息明確，避免籠統概括。

不能傷害下級的自尊與自信

批評不能損害對方的面子，不能傷及對方的自尊。批評是為了讓下級更好地工作，若傷害了下級的自尊與自信，下屬則很難往好的方向發展。

不要只會責罵，也允許員工嘗試

我們從生活中的事例來看，哪個小孩不是在嘗試中長大的？如果家中有一個不到四歲的小孩吃飯時把碗摔破了，那麼，這時你的反應是什麼？難道一個耳光打過去嗎？打了孩子，此後他拿飯碗的手就會顫顫發抖。其實，正確的做法是把破碗拿走，再給他一個碗，說：「寶貝，你再拿拿看，別像剛才那樣把碗摔了。」這樣叫做嘗試。用一個碗的代價讓孩子知道如何端碗是值得的。所以，要掌握情況，花點學費是值得的。很多酒店經理人不願意犯任何錯誤，也不願意讓下級做任何的實驗，這樣的做法很安全，但是員工卻是永遠長不大的員工。

一次只提出一個批評意見

經理人在批評員工時，喜歡將平時對員工的不滿、意見全部一股腦兒地傾瀉出來，還有些甚至會翻下級的老帳，致使下級產生嚴重的牴觸情緒。所以，成熟的經理人批評下屬時一定要就事論事，

一次只提一個批評意見。

友好地結束批評

當批評結束以後，如果弄得不歡而散，對方一定會增加心理負擔，產生消極的情緒甚至是對抗情緒，這會為以後的溝通帶來障礙，所以，我們的溝通一定要在友好的氛圍中結束。

與下級溝通的技巧

與下級正確地交談

分清主次

上級與下級溝通要分清輕重，善於抓住主要問題，「陳芝麻爛穀子」的事情儘量少提，根據當前的情況，分清主次輕重。

善於激發

作為上級要善於鼓動下級講話的情緒，激發下級講話的願望，啟發下級講話的思路，幫助下級講出他想講的話，從而能夠瞭解下級的真實想法。

控制情緒

上級不能因為自己受了氣，遇到了煩惱的事情而心情不爽，就將消極的情緒轉嫁給下級，下級是你的工作夥伴，不是「受氣包」，下級更不是你的「出氣筒」。酒店經理與下級溝通一定要控制好自己的情緒，要始終以積極的工作態度與下級交流。

把握分寸

談話的時候要把握分寸，下級與上級的關係總是存在著一定的距離感，要注意談話的內容，最忌諱的是與下級講私房話，講自己

內心的一些對人對事的看法，作為上級要保持自己的威嚴。

案例 將軍幽默顯寬容

某日，一家空軍俱樂部舉行宴會招待空戰英雄。一位年輕士兵在斟酒時不慎把酒灑在了將軍的禿頭上。頓時，全場寂靜，士兵戰戰兢兢。

但這位將軍輕輕拍了拍士兵的肩頭，說：「老弟，你以為這種治療方法管用嗎？」話音剛落，全場立即響起了笑聲。

作為酒店經理，要改變自己的態度，並且透過有效的溝通幫助下級減壓。對於不慎犯錯的下級，管理者可以透過幽默自嘲的方式表示自己的善意和理解。幽默的溝通方式，有助於下級減輕心理負擔，實現有效溝通。

善於停頓

主管之間的談話總是需要帶一個翻譯，翻譯的作用其實並不僅僅只是作為一個語言轉換的工具，還具有給主管思考回答問題造成一個緩衝的作用。

談話時要善於停頓。停頓可以給自己更多的時間去思考，也可以給下級一定的時間去理解談話的內容。停頓可以幫助我們行為處事顯得更加成熟穩重，思考問題更加深思熟慮。

思維敏捷

交談能夠讓我們很容易瞭解一個人的性格特點，所以，作為上級要博學強識，要有更多的理論知識作為支撐，要思維敏捷、靈活變通。

學會有效授權

授權就是將權力分派給其他人以完成特定的活動，也就是說將決策的權力從酒店中的一個層級交給下一個層級。授權並不是放棄

權力，而是應該做到「恰當地授權」。具體來說有五點：

明確分工

首先要確定將什麼樣的權力授給什麼樣的人。我們需要選擇一個具有相應能力與相應時間的人來完成相應的任務，充分發揮其能力，從而使員工績效達到最優，實現酒店的效益。

學會「放風箏」

要學會給予下屬充分的權力，但是要牢牢掌握放權的度，上級要掌握控制權，拽緊手中的「線」，不要輕易讓下級脫線，也不要讓下級永遠只是在你的手下打轉，要「放飛」。

允許下屬參與

在酒店中，確定完成某項工作必須擁有多大權力的最好辦法是讓負責此項目工作的人員參與到決策中來。允許下屬參與可以使項目負責人能夠切實地瞭解到項目目前存在的問題風險、認識到項目所需要的進度等情況，根據項目的需要有針對性地發表意見，提出關鍵性的建議，從而使項目能夠順利進行。

但是值得注意的是，該項目的負責人在參與決策時，往往會有自私自利的心理並帶有一定的偏見，其權力的過分擴充，將會使授權工作的有效性以及整個酒店的利益受到損害。所以，酒店經理要會授權，也要會監督。

充分授權

當授權行為已經發生或者說可以放權，上級不僅要告知被授權人授予了他什麼權力，還應告知與授權活動有關的其他人，包括組織的內外部人士；如果在授權過程中沒有通知到其他人，那麼，可能會造成授權過程中衝突行為的發生，並且會降低被授權人在工作中的效率與績效，影響任務的完成。

特別提醒

要通報與授權活動相關的人，明確接受授權的是何人，他的權力範圍與工作任務是什麼。

案例

老張和老劉是同一公司內兩個不同部門的經理。一天早上，他們同車去上班。在路上，他們彼此討論著自己的管理工作。老張說他的下屬李林特別讓他傷腦筋。他抱怨說：「這個人在受聘到公司的頭幾個月裡，我一直耐心細緻地告訴他，在他開始工作的頭幾個月裡，凡是涉及付款和訂貨的事情都要先與我商量一下。並叮嚀他，在未瞭解情況以前，不要對下屬人員指手畫腳。但是，到現在已有一年多了，他還是一點創造性也沒有，無論大小事情都來問我。上星期他又拿著一張1萬元的付款支票來問我，這事他完全可以自行處理的嘛！」

幾乎在同一時間，老張的兩個下屬，李林和小馬也在另一地方談論著自己的工作。李林說：「上星期，我找老張，要他簽發一張支票。他說不用找他了，我自己就有權決定。但是，在一個月之前，我找不到他，只好自己簽發了一張支票，結果我簽發的支票被退了回來，原因是我的簽字沒有被授權認可。為此，我上個月專門寫了一個關於授權於我簽字的報告，但他一直沒有批下來。老張辦事毫無章法，對工作總是拖延。他的工作往往要拖後一個多月。我可以肯定地說，我遞給他的要求授權的報告還鎖在抽屜裡沒有看過呢！」

案例中老張並沒有做到有效地授權。授權就是酒店經理人在實際的工作中，為充分利用專業人才的知識、技能或在出現新增業務的情況下，將自己職務內所擁有的權限因為某項具體的工作的需要而委託給某位下級。上級要擅於授權，才能充分發揮團隊成員的專長，達成工作目標。

程老師建議

授權就是要贏得時間、調動下級積極性、加強溝通、提高效率、培養團隊。

控制行為

對於下屬在用權過程中的行為，要注意觀察其動向、言談，瞭解其心態，觀察其用權的程度等等，嚴格控制下級在用權過程中的行為，不僅有助於下次放權，更加有助於幫助下級更好地工作。

正確地訓導下級

嚴肅以待

有些時候，管理者採取自由、放鬆、非正式的方式來促進許多人際交往活動，因為這樣的環境能使員工感到無拘無束，然而，訓導實施的情境與此完全不同。此時，上級應該要用平靜、嚴肅的語氣來表述你的意見，切忌不可使用開玩笑或者聊家常的方式來減弱對方緊張的壓力。

具體問題具體分析

訓導下級，要學會根據具體問題進行有針對性的交換意見，並應做記錄。如找賓客投訴的員工談話，要講明賓客投訴的時間、地點、原因、處理意見等等，要客觀分析情況，評估該事件對於工作績效、酒店的聲譽影響的範圍、所涉及到的相關部門應該採取的措施等等，均要有較為嚴謹的分析結果。

人事兩分離

對於員工行為的結果，不管是對其進行表揚還是批評，針對的應該是員工的行為而不是員工的個人人格特徵。例如：客房部的小王總是遲到，應該指出這一行為是如何增加了其他人的工作負擔，影響了整個部門的工作士氣，給酒店的管理帶來困擾，是酒店的規

章制度所不允許的；而不是指責她人自私自利、不負責任等不良品行，不應該對其進行人身攻擊。

給予自辯空間

作為上級，要允許員工進行自辯與反駁。作為一名管理者，無論你掌握著多麼充足的證據來證明你對下級批評的正確性，我們仍然要給予下級足夠的時間來陳述自己的觀點與看法。從他的立場去探尋問題的根源，問題的癥結，他為什麼會選擇這樣的方法，是對於酒店制度不夠瞭解，還是他能力不夠？我們要充分挖掘問題的根源，以防止今後發生同樣的問題。

保持控制權

在進行交流過程中，我們要保持清醒的頭腦，學會理智而敏銳地思考問題，要學會在溝通中占據主動權，只有掌握表達的主動權，才能在行動中獲得更好的控制權。

雙方滿意

訓導的目的，是達成一個今後如何防範錯誤的共識，要讓員工明白該如何去正確地做事，並擬定出切實可行的計劃，以保證在今後的工作過程中不會再出現同樣的錯誤，達成上下級雙方滿意的結果。

因時因勢選擇

根據環境、形勢等因素選擇訓導的程序與手段。如果員工屢教不改，屢次發生同樣的錯誤，那麼訓導的懲罰手段也要有所加重。當然，我們選擇懲罰措施對任何人都應該是公平一致的。

為了完善訓導，我們要制定相應的規章制度、措施來使訓導更加具有科學性與實際操作性。可以根據員工行為出現問題的次數，所犯錯誤的嚴重程度，給酒店帶來的不利影響的程度，員工在別的

行為上是否也被警告或者受到處分等情況來採取相應的訓導措施。

程老師建議

讚美總是比批評更加有效，但是，批評是建立上級威信的方法。

掌握有效的傾聽技巧

溝通是雙向的。與下級溝通，上級也要注重收集來自下級的訊息反饋。為此，作為溝通一方的上級不僅能講，還要會聽。傾聽有技巧，下面簡要地為大家介紹。

非語言交流

非語言交流能夠幫助我們即使在不說話的時候也能進行反饋與交流，多用表情、肢體語言進行交流可以實現溝通的雙向性。

讚許的態度

作為上級要多用讚許的態度給予下級鼓勵，適時的肯定讚許可培養下級的自信心，有助於他創造性地完成工作。

適時提問

對自己不甚清楚瞭解的事情，要在恰當的時機提問。提問是傾聽中積極反饋的一種方式。

確認性複述

透過確認式地複述來確定自己對於訊息的理解是否準確。如果對方陳述一個事實，你可以用自己的話複述一遍，跟對方進行確認，以便準確地把握訊息。

避免多打斷

訊息的傳遞是一個連續的過程，一旦溝通被打斷，訊息的發出很有可能受到阻礙。所以，在溝通中要避免打斷對方的談話，儘量

多聽多記。

及時總結

傾聽中應該及時歸納總結重點，以把握訊息的關鍵部分。

案例 員工滿意源於傾聽

幾年前，李先生廉價買下了一家小型工廠。前任老闆說：「我很高興能把它脫手，員工越來越難應付，他們一點也不感激我多年來對他們的照顧。」

李先生成為老闆後，召集所有員工開了一次懇談會。「我希望你們在這裡工作是快樂的，現在，請大家告訴我怎樣才能辦到？」他問所有的員工。結果發現，他只需要提供幾項小小的福利，如增加現代化浴室設備，在更衣室中裝上一面鏡子，以及在娛樂場所配備自動販賣機等就可以了。結果，員工都很滿意。他們真正需要的只是一位願意傾聽他們意見的人。

案例中的管理者透過交流來平息下級的不滿情緒，解決了上下級之間的分歧。酒店經理人要加強與下級的溝通，全面收集下級的意見，解決他們面臨的問題，並最終提高他們的工作積極性。一旦管理者拒絕溝通，遲早會導致管理危機。

實施準確的反饋

強調具體的行為

反饋要強調具體的行為，要表述明確，而不能出現過於模糊的陳述。例如「你今天的態度很差」，員工就無法準確理解這句話的含義，員工可能提出質疑：「我哪方面態度不好了？我完成了今天的工作任務，我對待上級謙虛有禮，我究竟在哪方面得不到上級的好評？」提出質疑而得不到回答，那麼，反饋是失敗的。

對事不對人

積極的反饋（正面性的反饋）能夠給人以動力，通常是透過鼓勵、表揚、微笑等表現出來的。而消極的反饋（負面性的反饋），應該以描述性的而不是判斷性的或者評價性的方式來表達。因為消極的反饋往往會挫傷行為人的工作積極性，所以，無論你對於其工作是如何的失望，也不要將批評的矛頭直指個人，而應該是具體的工作行為。例如，「你真沒用！」這樣的語句配合當時的場景，會引起行為人極大的牴觸情緒，導致相反的反饋結果。如此反饋，只會導致雙方忽視工作本身的錯誤，而加深彼此對於個人的不良印象。

正確指向目標

作為經理人，要清楚地瞭解你所進行反饋的目標，是要幫助什麼人或者促進什麼事情的發生？還是希望讓下級更加清楚準確地理解任務，使下級有針對性地解決問題，完成相應的工作績效？反饋要緊緊圍繞目標進行，主題要集中、明確。

把握反饋的良機

反饋的良機可以是吃飯時間，可以是工作之餘，也可以是工作當時的情境，具體情況需要根據事件反饋的緊急程度、事件的影響程度來判定。把握好反饋的良機有助於反饋獲得更好的效果。

確保理解

反饋的內容要確保下級能夠理解其中的意思。我們有些經理人往往有意使反饋的內容模糊含蓄，讓下級去猜，去揣摩。此種反饋方式不利於達成溝通共識，長此以往，也動搖下級對上級的信任。

保持一定的度

反饋要有一定的度，尤其當反饋是否定、是批評時，不可太過也不可太過於輕描淡寫，要把握好反饋的度，從而使反饋更加能夠讓下級接受。

程老師建議

◇ 要及時反饋工作中的成果與失誤。

◇ 要善於啟發，激發員工的說話慾望。

◇ 要學會控制自己的情緒。

案例

森林裡，老虎因為其虎威使得所有的動物都不敢接近它，更不要說當面提意見了，老虎最終成了孤家寡人。老虎讓狼狗為它出主意。

第二天，老虎把動物們全部召集起來說：「作為這一片森林的統治者，聽不到大家的意見是非常危險的。以後我多多召開這樣的會議，請大家在會上多提寶貴意見。」

動物們對老虎的話將信將疑，老虎接著說：「召開這樣的會議是狼狗的建議，為了褒獎狼狗的忠誠，我特獎勵它一件虎袍。」看著狼狗披上老虎獎勵的虎袍，梅花鹿鼓足勇氣說：「大王，狼族經常捕食我們，請您救救我們的同伴吧。」老虎於是說：「提得好，提得好！」並當即警告狼說：「你們以後不得危害本王所轄區域內的梅花鹿，否則我將以你們為食！」

接下來眾多的動物提出了自己的問題。

森林裡的日子恢復了寧靜。老虎仍然謙虛地向動物們徵求意見。「大家對我的幫助很大，對這片森林的寧靜有著重大的貢獻。以後還請各位知無不言、言無不盡。我一定洗耳恭聽，虛心接受。」

案例中老虎用獎勵狼狗的方法來激勵其他下屬講出自己的問題，達到了鼓勵下級與上級溝通的目的。

本章小結

本章主要介紹了酒店經理人與下級溝通的藝術。下級作為團隊中最為重要的人力資源，作為酒店各項管理政策的擁護者、服務技能的掌握者，處理與下級的關係，經理人要處理好「授權」與「棄權」的關係，學會有效授權，既要監督又要給予工作的支持與理解。在與下級的溝通中要切實學會談話技能、授權技能、傾聽技能與反饋技能等各項溝通技能，這在日常的工作中能夠促進酒店各項工作運營的有序進行，促進上下級之間的交流溝通，使整個酒店的上下級管理層級明確，建設一個和諧高效的酒店管理團隊。

心得體會

◎ _____

◎ _____

◎ _____

◎ _____

◎ _____

◎ _____

◎ _____

◎ _____

◎ _____

◎ _____

◎ _____

◎ _____

第六章 打破溝通的障礙

本章重點

● 認識組織溝通的障礙

● 認識個人溝通的障礙

● 如何克服溝通的障礙

認識組織溝通的障礙

組織機構臃腫，結構設置不合理，各部門之間職責不清，分工不明，就會給溝通雙方造成一定的心理壓力，引起傳遞訊息的失真和歪曲，造成組織溝通的障礙。組織的內部結構以及組織長期形成的文化氛圍，對內部的溝通效果會直接產生影響，良好的溝通因素能夠促進溝通，相反，則會導致溝通障礙的產生。

組織溝通障礙的因素

訊息氾濫

隨著互聯網的發展，訊息網絡化的趨勢越來越明顯，很多人上班的第一件事情是回郵件、看新聞，從而將大量的時間花費在無用的訊息查看上。上班第一件事情要重新擺正，今天要做的事情才是最為重要的。

時間壓力

芝麻綠豆原理，是說將芝麻綠豆的小事情拖延了很多，而對於重大的事情卻做出倉促的決定。在溝通中我們常常發生如此有趣的

事情，在會議上，對於大決策拍腦袋，而小事情進行民主討論。

組織氛圍

組織氛圍的好壞往往會對組織溝通產生重要的影響，一些酒店的文化氛圍是拒絕負面的意見，並且拒絕員工提出一些建設性的意見，當發生衝突時也不引起重視，當衝突愈演愈烈時才商討解決的對策。

訊息過濾

不管訊息在酒店內是從上往下傳遞還是從下往上傳遞，都會經過層層的刪減與過濾。酒店內的管理層次越多，訊息的失真度就越高。

訊息反饋

當領導者把會議的內容講完了，底下的人沒有做完筆記就算完了，會議也就結束了，這一切都是沒有反饋的表現。沒有反饋的後果是，只知道講話的大致內容，只按照其個人的想法去執行。

職位差距

訊息傳遞者在組織中的地位、訊息傳遞鏈、團體規模等結構因素都影響著有效的溝通。許多研究結果表明：地位的高低對溝通的方向和頻率有很大的影響。如果地位懸殊越大，訊息從地位高的人流向地位低的人，其傳遞的層次越多，它到達接收者的時間也就越長，訊息失真率就越高，越不利於溝通。只有當溝通雙方的身份、地位平等時，溝通的障礙才最小。

結構鏈長

合理的組織結構有利於訊息溝通，但是如果組織結構過於龐大，中間層次過多，等級鏈過長，那麼，訊息從最高決策層傳遞到下屬公司不僅容易造成訊息的失真，而且還會浪費大量的時間，影

響訊息傳遞的效率和及時性。如果組織結構過於臃腫，設置的又不盡合理，或者因人設事，人浮於事，就會影響溝通的有效性。

思考

請畫畫你所在酒店的組織結構圖，看看一線員工與總經理之間有多少個層級。是否有些層級可以減少呢？

如何克服組織溝通的障礙

利用反饋

利用組織成員在溝通過程中的反饋訊息，這些反饋訊息可以是一個手勢、一個建議、一個眼神，這些反饋都將有助於組織改善溝通模式與方法，能夠使溝通成為一件大家參與的事情，使溝通暢通無阻。

簡化語言

講話要有重點，簡化語言的重中之重就是講話要有重點。一個人的注意力高度集中只有十分鐘。不管是與上級下級還是與賓客的交談，都要把握好時間，講清楚重點。

善用比喻

即使是很複雜的問題，也可以用簡單的比喻講出來。比喻形象，生動，含義豐富，非常容易讓人觸動，聽眾一聽就明白了。

主動傾聽

酒店作為一個團隊，要進行溝通交流，就要主動去瞭解團隊成員的需要，要根據成員的不同的滿意度、不同的積極性設計相應的溝通方式，建立與完善相應的交流溝通渠道，主動傾聽成員的聲音。

注重提高溝通技能，調整溝通心態

提高組織成員的溝通技能是改善組織溝通的根本途徑。溝通技能高低受溝通行為主體的文化知識水平、知識專業背景、語言表達能力和組織角色認識等因素的影響。組織內的成員還要學會調整溝通的心態，「開誠布公」、「推心置腹」、「設身處地」等都是確保有效溝通的良好心態。

　　健全組織溝通渠道

　　酒店應該根據自身的發展需求，有目的地健全組織的溝通渠道，要充分考慮組織的行業特點和人員心理結構，結合正式溝通渠道和非正式溝通渠道的特點設計一套完善的溝通渠道體系，以便使組織內各種需求的溝通都能夠準確及時而有效地實現。

　　現代酒店往往採用郊遊、生日會、聯誼會等方式來嘗試進行非正式的溝通，這些渠道既能夠充分發揮非正式溝通的優點，又是一種有計劃、有組織的活動而能夠被領導者控制，從而大大減少了訊息失真和扭曲的可能性。而隨著現代科學技術的進步，一些酒店還相繼在自己的網站開設了論壇、fb 公告等，Line群組這些方式能夠較為真實地反映組織成員的一些思想情感和想法。

　　建立反饋機制

　　沒有反饋的溝通不是一個完整的溝通，完整的溝通必然具備完善的反饋機制，否則，溝通的效果將會大打折扣。反饋機制的建立要從訊息的發送者與接收者雙方著手，雙方都應該端正心態、實事求是地對待反饋訊息，從而實現真正意義上的雙向溝通。

　　選擇正確的溝通場所

　　組織溝通總是在一定的環境下進行，溝通的環境是影響組織溝通的一個重要因素。這種環境可以是組織的整體狀況、組織中人際關係的和諧程度、組織文化中的民主氛圍、領導者的行為風格等心理環境。作為組織的領導者，要致力於營造一種民主的組織氛圍，

適當地改善自己的領導風格。例如，許多酒店領導者的辦公室門是敞開著的，其傳達出來的訊息是隨時歡迎員工來溝通情況，交換意見。

地理環境也是組織溝通環境的一種。例如，溝通者如果需要傳遞執行決議或者上級決策時，最好選擇比較正式的場所，比如會議室等，以增強訊息傳遞和執行的效果；而若要與組織成員協商、討論某一在短時間內難以達成共識的問題，或交流私人情感時，最好選擇氣氛比較輕鬆的環境場所，這樣便於溝通的順利進行，避免出現溝通僵局。

案例 溝通方式哪種好

一家網絡公司由於受到全球經濟危機的影響，經營受到嚴重打擊，最後公司決定裁員。第一次裁員，地點選在公司的會議室，通知全部被裁人員到會議室開會。在會上，公司宣佈裁員計劃，並且每一個人要立即拿走自己的東西離開辦公室，公司很多被裁員工都感到非常沮喪，甚至包括很多留下的人也感到沮喪不已，這極大地影響了員工的士氣。

第二次裁員的時候，公司接受了上次的教訓，不是把大家叫到會議室裡，而是選擇了另一種方式，在咖啡廳單獨約見被裁人員。在這樣的環境裡，宣佈公司的決策：由於公司的原因致使您暫時失去這份工作，請您原諒，我們給您一個月的時間尋找下一份工作。

這次裁員的效果和上一次相比有天壤之別，被裁的員工大都能夠接受，並且表示如果公司需要隨時可以通知他們，他們會毫不猶豫地再回到公司。

兩次裁員，由於選擇了不同的溝通方式，所得到的效果也是截然不同的。

作為酒店的管理者，需要採用恰當的溝通方式才能夠體現酒店

對於員工的尊重，溝通方式的好壞影響溝通的效果，正確的溝通方式能夠讓員工感到被尊重，從而更易於達到溝通效果。

認識個人溝通的障礙

個人溝通也就是我們常說的人際溝通。人際溝通的概念比組織溝通更為寬泛，人際溝通既發生在酒店內部，也發生在酒店外部，包括與上級、同事、賓客、供應商等的溝通，都是人際溝通。

個人溝通障礙的因素

環節繁多

作為酒店管理者，每天都要面對大大小小的決策，並且要將這些決策傳達給執行者，溝通渠道的暢通與否在很大程度上影響決策的執行效果。如果在溝通過程中環節過多，就會嚴重影響訊息傳遞的及時性和準確性，進而造成團隊領導層做出的決策在執行過程中受阻。

自以為是

在溝通過程中，我們往往會因為自己的經驗資格、學歷水平、文化背景等影響因素而總是習慣於堅持自己的想法，固執己見，對於自己已經做出的決定，往往不希望別人發表不同的意見，並且無法再去認同他人的觀點。這種自以為是的態度往往會把自己變成「龜兔賽跑」中失敗的兔子。

存在偏見

衝突往往是因為一方感覺到另一方對於自己所關心的事物產生牴觸情緒或者將要產生牴觸情緒所引起的，而這種牴觸情緒總是因為一種偏見。相互之間互有偏見，互有成見，就會使雙方誰也不服

誰，誰都不會贊同對方的觀點，即使對方的觀點是正確的，這樣，溝通的有效性和真實性將會受到嚴重的影響。

不善傾聽

我們總是提倡在酒店溝通中要進行雙向溝通，而傾聽是最為重要的一個環節，雙方的溝通只有建立在一方進行表達時另一方能夠專注認真地傾聽才能夠達到溝通的效果。而大多數人，尤其是酒店的管理者，往往較為習慣於表達自己的觀點，而不是習慣於傾聽別人的意見，有時候甚至是話只聽到一半，便迫不及待地發表自己的意見。這樣會無法完整地聽到對方的意思，並且會誤解他人的意思而給溝通造成障礙。

缺乏反饋

酒店管理者在接到下屬的意見建議時要及時進行反饋，給予一定的反應，才能使對方瞭解你是否理解了他的意思，是否對其意見進行了一定的處理。反饋在於明確：你是否傾聽了對方的說話；你是否聽明白了對方所說內容的意思；你是否準確理解了對方想要表達的意思。如果沒有反饋，對方會認為你已經明白了他想要表達的內容，而你也以為你所理解的正是他所要表達的，結果很有可能會造成雙方在理解上的偏差，造成雙方在之後的溝通中存在誤會。

缺乏信任

在酒店這個團隊運營過程中，最為重要的是相互之間的信任。團隊成員之間的相互信任能夠激發成員工作的熱情，使下屬反饋的意願更為強烈，能夠針對酒店中的問題進行思考。團隊的領導者應該要不帶成見地聽取意見，鼓勵下級充分闡明自己的想法，這樣下級才能在思想上和情感上放下包袱，上級才能夠接收到全面可靠的情報，以便做出明智的判斷與決策。

案例 首相不該有重賞

英國首相邱吉爾急匆匆地趕到下議院去開會，他叫了一輛計程車。車子到達目的地後，他下車對司機說：「我在這裡大約耽擱一個鐘頭，你等我一下吧。」「不」，司機堅決地回絕，「我要趕回家去，否則我將會錯過收聽邱吉爾的演說。」

首相一聽這話，不禁大為驚喜，於是除照價付了車資之外，又重重地賞了他一筆可觀的小費。司機望著那筆意外的收入，很快就改變了主意。他對邱吉爾說：「我想了想，還是在這裡等著送您回去吧。管他什麼邱吉爾呢！」

程老師建議

◇ 在人際交往中，既不交權，也不交錢，要與人交心。切忌唯利是圖，把金錢作為與人交往的標準。

◇ 畫龍畫虎難畫骨，知人知面不知心。在人際交往中，不要單憑幾句談話，就判斷一個人的品行。

干擾過多

溝通中的干擾往往會造成溝通的中斷，使溝通無法繼續進行下去。溝通中的干擾包括噪聲、外人打擾等等。例如：與人會談時電話鈴聲響了，不管你接還是不接都會使溝通中斷；在會議發言陳述觀點時，有人舉手發言，這些干擾都會影響溝通的效果。

地位差異

在一個管理團隊中，往往會存在上下級之分、主客之分、服務與被服務之分，地位的差距、角度立場的不同、個人尊卑的心理不同等影響因素，會導致溝通過程中出現很多的偏差。

過去經驗

我們常常會碰到暈輪效應，即我們透過觀察某一人的衣著、品味等相對較為引人注意的特點，並根據某一類型人群的特點特徵來

判定該人屬於哪一群體。將這一原理運用到溝通中是一樣的，我們總是先入為主地形成對某一個人的印象與態度，在溝通中表現出的情緒態度將會影響到與對方的溝通行為，如果喜歡一個人將會表現熱情，如果不喜歡這種風格的人群，那麼，將會表現出沮喪甚至是厭惡的態度。

情緒影響

我們往往會在溝通中將對於他人的情緒態度帶到與其他人的溝通交談中去，由於受到之前情緒狀態的影響，往往會將不好的情緒傳染給他人，而在不適當的場合表現出不適當的表情，導致影響溝通效果。

如何克服個人溝通障礙

維護自尊、增強自信

在溝通中尊重他人，維護員工的自尊，小心避免損傷對方的自信，尤其在討論問題的時候。作為管理者，在工作中讚賞員工的意見，表示對他們能力充滿信心，把他們看做是能幹的獨立個體，都可以增強員工的自信。

專心聆聽、瞭解對方

在酒店中實施走動式管理，管理者要學會細心聆聽，瞭解對方所講的話，要學會鼓勵對方坦誠溝通，瞭解對方的需求與問題，幫助對方實現溝通的目標。

尋求幫助、解決問題

酒店管理者是一個團隊的精神支柱，要學會幫助他人更積極地解決困難，要以鼓勵的方式表示你的支持，隨時提供協助，並在能力許可範圍內，消除有可能出現的障礙。

案例 付出才能有回報

農夫發現一隻鷹被捕獸夾夾住了，他把鷹放了，鷹表示永遠不忘他的恩德。

有一天，農夫坐在一堵牆下，這隻鷹飛過去抓起他頭上的頭巾。農夫起身去追，鷹立即就把頭巾丟還給了他。農夫拾起頭巾後，回過頭來一看，他剛坐過的地方牆已倒塌。鷹救了農夫的性命。

程老師建議

◇ 善待別人就是善待自己，你怎樣對待別人，別人就會怎樣對待你。

◇ 勿因善小而不為。今天做出一個小小的善意之舉，明日可能得到一份意外收穫。

保持良好的心態

溝通的心態是影響溝通效果的主要因素。

● 主動、坦誠的心態表明你樂於溝通的意願，可造成鼓勵對方表明觀點的作用。

● 溝通的良好心態可以使溝通雙方取得雙勝不敗的局面。

● 學會換位思考，站在對方的角度考慮問題，理解對方的立場。

● 要瞭解溝通的雙方是彼此平等的。

案例 你能保密，我也能

羅斯福任海軍助理部長時，有一天一位好友來訪。談話間，朋友問起了海軍在加勒比海某島建立基地的事情。

「我只要你告訴我，」朋友說，「我所聽到的有關建立基地的傳聞是否確有其事。」

這位朋友要打聽的事情在當時是不方便公開的，但既是好朋友相求，那如何拒絕是好呢？

只見羅斯福望瞭望周圍，然後壓低嗓音向朋友說道：「你能對不便外傳的事情保密嗎？」

「能。」好友急切地回答。

「那麼……」羅斯福微笑著說，「我也能。」

程老師建議

◇ 採取積極的態度

——不該說：「我還不錯，但你不行！」

——不該說：「我不太好，你還不錯！」

——不該說：「我不太好，你也不怎麼樣！」

——應該說：「我還好，你也不錯！」

◇ 與人溝通要保持良好的心態，要坦誠相待。

◇ 在人際溝通中，要寬容對方的缺點，不僅要求同存異，更要大度。

◇ 在人際交往中要學會巧妙地拒絕，既要達到拒絕的目的，又不傷害別人；也要學會換位思考，既要理解他人，也要讓對方理解自己。

◇ 在溝通中，大家都是平等的，即使對方是卓有成就的，也不必忍氣吞聲。

重要的事情儘量用書面形式

一些重要的事情比如會議時間、提案意見、備忘錄等等，通常使用書面的方式進行記錄較為妥當。例如，當你向你的上級提出建

議時，如果擔心上級會認為這些建議傷害到了他的自尊、自信，是對他決策正確性的否定，那麼，還是使用書面的委婉的方式來提出你的建議為妥。

實現有效的雙向溝通

有效的溝通是雙向溝通。如果溝通的雙方或一方未掌握溝通的技巧，那麼訊息的傳遞一定是單向的，在遇到問題時雙向的溝通才會有效。

抓住主要訊息點

在溝通中抓住主要思想，抓關鍵，才能夠提高溝通的效率。

溝通要制度化

酒店要建立完善的溝通制度。建議酒店可以透過例會、討論會、集體活動、一對一談話等多種方式，增進與員工的溝通。

養成良好的溝通習慣

溝通習慣是我們在長期的溝通過程中養成的，例如，學會先聽再說，在說話之前，儘可能先讓對方有機會表達，不妨先說：「我想先聽聽您的想法如何。」

案例 讓出兩尺又如何

明朝，山東濟陽人董篤行在京城做官。一天，他接到家裡來信，說家裡蓋房為地基而與鄰居發生糾紛，希望他能出面解決此事。董篤行看後馬上修書一封，道：「千里捎書只為墙，不禁使我笑斷腸；你仁我義結近鄰，讓出兩尺又何妨。」家人讀後，覺得董篤行有道理，便主動在建房時讓出幾尺。而鄰居見董家如此，同樣也讓出幾尺。結果兩家人共讓出八尺寬的地方，房子蓋成以後，就有了一條胡同，世稱「仁義胡同」。

程老師建議

◇ 在人際交往中，忍讓是打開矛盾枷鎖的鑰匙。

◇ 要學會忍讓，退一步海闊天空，多一句感謝就少一句埋怨；多一點溫馨就少一點冷淡；多一些包容就少一些爭辯；多一些親密就少一些距離。

如何克服溝通的障礙

溝通障礙的種類

過濾性障礙

過濾性障礙是指組織成員故意操控訊息，使訊息顯得對接收者更為有利。比如，如果某一員工在服務過程中出現失誤而受到客人的投訴，其領班往往會將事態的影響有傾向性地報告經理，而經理則會認為這並不是一件特別值得重視的投訴或者認為是自己管理上的失誤而選擇對自己的上級領導進行隱瞞。管理者往往會按照對方的口味、立場調整或者改變訊息，在上行溝通中表現得尤為明顯。

過濾的程度往往與組織的結構、組織的文化氛圍有關。組織結構中的層次越多，過濾的機會就越多，而被過濾的訊息量也就越大；組織文化可以透過獎勵系統以鼓勵或者抑制這類行為的發生。

選擇性障礙

在溝通過程中，管理者往往會根據自己的需要、動機、經驗、背景以及其他個人特點有選擇性地去看或聽訊息，並且還會把自己的興趣和期望帶進訊息下一個環節的傳遞中去。

情緒的障礙

在進行溝通過程中，管理者的情緒狀態、感覺知覺往往會影響他對訊息的解釋，不同的情緒體驗往往會使個體對同一訊息的解釋

截然不同。極端的情緒，如憤怒，將會使訊息溝通的效果變得極端化，這種狀態下便不可能使我們進行客觀而理性的思維活動，會代之以做出情緒化的判斷。

案例 Boeing

一家酒店的主管有一次大發雷霆，原來他看到一份報告上有一個錯字，是個拼寫錯誤，有人把believe寫成了beleive。這個主管很精明能幹，可是有個怪毛病，眼睛裡容不得任何一個拼寫錯誤。他叫來了那個寫錯字的員工，「你這個混蛋連這種錯誤都要犯，你到底讀過書沒有？E怎麼可能在I的前面，I永遠在E的前面。」

可是，沒過幾天，這位主管又發現了同樣的拼寫錯誤，並且是出自同一人之手，於是他叫來了「屢教不改」的員工，「你耳朵長在頭上嗎？為什麼我說了你不聽？」

那位員工很平靜地說：「不是你說I永遠在E的前面嗎？」主管說：「看來你是明知故犯了。」員工二話沒說，隨手從桌子上拿起一份文件，把上面的Boeing一筆勾去，寫成了Boieng。

這個不愉快的結局是由於主管當時在處理問題時溝通不良所引起的，如果他當時沒有那麼氣憤，學會控制自己的情緒，採用一種心平氣和的態度，可能就是另一種結果了。

思考

在與他人的溝通中，當你特別惱怒時，你是如何控制自己的情緒的？說說你的方法，並與你可以信賴的人交流你的心得體會。

語言的障礙

酒店團隊中，成員文化層次不同、來自不同的地域，並且年齡結構，教育背景都有差異。同樣的一句話，詞彙的含義、語言風格等對不同的人來說理解會有差別。這種差異在我們與賓客溝通中也

同樣存在。

語言障礙主要可以分為語音差異、語義不明、專業術語（也稱「行話」）不為理解等。

個性的障礙

不同的個性傾向和不同的個性心理特徵對溝通會產生影響。一般來說，性特別向、坦誠、率真的人易於溝通，而與內向、含蓄的人溝通相對要難些。「臭味相投」、個性很像的人在一起往往能夠較好地進行溝通；相反，個性不同的人之間容易產生溝通障礙，正所謂「話不投機半句多」。

程老師建議

◇ 在與人交往時，要懂得忍讓和退步。一味與他人爭先後，不但無法達成目標，甚至還會失去更多。

性別的障礙

性別的差異也會導致溝通的障礙。男性用談話強調狀態，而女性透過談話建立聯繫。也就是說，男性聽和說是一種狀態和獨立意識的體現，而女性聽和說表示一種親密和聯繫。因而，針對男性而言，聽和說主要是在等級社會保持獨立和地位的一種方法；針對女性而言，談話是獲得支持和肯定的一種談判方式。

環境的障礙

環境干擾是導致人際溝通受阻的重要原因之一。嘈雜的環境會使訊息接收者難以全面、準確地接收訊息發送者的訊息。比如說交談時的距離、方式、所處的環境、電話網絡等媒介的穩定性都會對訊息的傳遞產生影響。環境的干擾往往會造成訊息在傳遞過程中的損失和遺漏，甚至歪曲變形，從而造成錯誤的或不完整的訊息傳遞。

克服溝通障礙的技巧

縮簡訊息鏈

訊息鏈過長導致了溝通過程中訊息的失真度較高，訊息的傳遞出現問題，溝通雙方無法準確瞭解對方的觀點與態度，縮簡訊息鏈能夠幫助管理者更好地指導下級、與下級溝通，瞭解問題的所在，幫助下級解決問題，實現有效的管理。

學會有效傾聽

我們說傾聽是一門藝術，要學會有效地傾聽，才能實現有效的酒店管理，才能實現與酒店外部賓客及相關機構的溝通，也才能達成良好的內部溝通。

學會控制情緒

作為一名管理者要學會控制自己的情緒，要提高自己的情商，學會認知自己的情緒，調節自己的情緒，保持心情的愉悅，為自己減壓。情商的管理可以幫助管理者實現有效的人際關係管理，可以使溝通更加暢通無阻。

使用雙方都能夠理解的語言

人類造通天塔的啟示表明語言相互理解的重要性。面對不同的溝通對象，酒店管理者需要使用有針對性的方式加以溝通，以求得相互之間的理解。

案例 秀才買柴

有一個秀才上街去買柴，他對賣柴的人說：「荷柴者過來！」賣柴的人聽不懂「荷柴者」（擔柴的人）三個字，但是聽得懂「過來」兩個字，於是把柴擔到秀才前面。秀才問他：「其價如何？」賣柴的人聽不太懂這句話，但是聽懂了「價」這個字，於是就告訴秀才價錢。秀才接著說：「外實而內虛，煙多而焰少，請損之。」

（你的木材外表是乾的，裡頭卻是濕的，燃燒起來，會濃煙多而火焰小，請減些價錢吧。）賣柴的人聽不懂秀才的話，於是擔著柴就走了。

賣柴的由於聽不懂秀才的話，雙方無法實現溝通，導致秀才與賣柴的人之間失去了一次交易的機會。在酒店管理中，由於不同層次的工作人員，其語言不同、認知不同、理解能力不同，這就需要針對什麼樣的人說什麼樣的話。

注意對方的背景

酒店的員工與賓客都是我們需要溝通的對象，不同的人來自不同的地域，有著不同的文化背景、社會背景，溝通時就需要特別注意對方的文化背景，瞭解對方的生活習慣、語言習慣等等，使溝通雙方能夠以一種親近的、更為信任的狀態進行溝通。

注意對方的性別

溝通雙方的性別關係也是影響著管理溝通的重要因素。與女員工、女賓客溝通的時候要切忌語句輕浮輕佻，切不可使用帶有侮辱性的傷害性的語句。

注意環境的變化，學會權變管理

我們在溝通的過程中，要學會權變管理，根據環境的變化做出相應的調整。高明的領導者應是靈活通達的人，能夠根據環境的不同而及時變換自己的領導方式。酒店的管理者應不斷地調整自己，使自己及時地適應外界的變化，或把自己放到一個適應自己的環境中。

成功溝通的原則

選擇恰當的時機地點

首先要選擇恰當的時間與地點，在適合的環境說適合的話。例

如，在下級的下級面前批評下級，在賓客面前與同事發生口角之爭，在酒店的大門口與賓客發生爭執等等，都會造成極為惡劣的影響，不但不能達到溝通的目的，反而激發溝通雙方的矛盾。

明確交談的目的

溝通雙方要明確溝通的目的。例如，寫出會議提要，與會人員便可知道會議討論的內容，瞭解討論的目的，從而使溝通有目標；部門經理找下級談話，因為最近該下級工作績效下降，那麼該談話的目的是為了提高員工的工作績效，瞭解下級工作存在問題的原因進而幫助其解決問題。

選擇合適的對象

溝通要選擇合適的對象，應該和同級交流溝通的不能向下級去抱怨，應該跟下級進行溝通的不能跟其他人議論他人的是非，在酒店中不能當著賓客的面進行內部不愉快的溝通，溝通對象的選擇要正確合理。

結束毫無意義的討論

毫無意義的討論，尤其是在會議當中常常會出現這樣的狀況。此時，作為會議的主持者應該要及時結束毫無意義的討論，以避免影響其他議題，保證會議安排的順利進行。

給別人講話的機會

與他人溝通是一個雙向溝通，而不是一個人滔滔不絕，迫使他人傾聽自己的發言；要給他人表達的機會，要學會尊重他人的發言權，養成傾聽的習慣。

避免跑題

溝通是為了透過討論解決問題，找到雙方滿意的答案。談話中出現跑題的現像往往是由於雙方對於主題認識模糊，未能達成一

致。因此，當溝通跑題的時候，酒店管理者要學會及時回到正題。

提問要清楚明白

溝通中如果出現一些言語模糊的、概念不清的，就要及時地提出問題，不要讓疑惑保留到溝通結束。當然，提問要清楚明白，不能讓對方也產生疑惑，導致相互之間無法理解的狀況出現。

不要打擾他人講話

我們會有這樣的經驗，在自己與他人交談的時候，如果有電話進來，那麼必然會帶給自己一些干擾；我在講課的時候，如果課堂內手機鈴聲響了，往往也會被影響。所以，我們千萬不要打擾別人的交談，要有耐心，學會等待。

尊重交談

我們這裡所指的尊重並不僅僅指對於溝通雙方人格的尊重，也是對於溝通內容的尊重，尊重對方的交談風格，尊重溝通對象的發言等等。尊重交談的本身也是對於自身的一種尊重，折射出一個人為人處世的涵養。

案例

張先生是台北的一名計程車司機，是公司裡的學英語榜樣，為此張先生感到自豪。

一天，張先生拉了一位外國客人，張先生覺得這正好是個鍛鍊自己的機會，便主動向他問好。客人聽到張先生以英語問候，顯然很高興，不一會兒，兩人聊了起來。

在交談中，張先生開始和對方像熟人一樣拉起家常來。「您今年多大了？」對方沒有正面回答卻說：「你猜猜看。」張先生轉而又問「你有家了吧？有孩子嗎？是兒子還是女兒？」這位外國客人開始不悅了，看著路邊的建築說「台北比我原來想像的要漂亮多

了」而岔開了話題。後來的一路上，這位外國客人始終保持著沉默，直到到達目的地下車。張先生很是納悶，難道我的英語太差他聽不懂嗎？

程老師建議

◇ 瞭解溝通障礙的種類，酒店經理要分析溝通障礙存在的原因。

◇ 要克服溝通的障礙，要學會權變管理。

◇ 在處理問題時，要學會良好的溝通，溝通是解決問題的關鍵。

◇ 溝通要選擇恰當的時機，才能有效地實現溝通。

◇ 溝通，要學會控制自己的情緒，提高自己的情商。

◇ 成功的溝通首先是建立在雙方的尊重之上，在溝通中要學會尊重。

◇ 溝通中的哪些話該說，哪些話不該說要注意。

◇ 讚美與激勵的話要常說，感謝與幽默的話要常說，與人情有關的話要常說。

◇ 沒有準備的話不要說，沒有根據的話不要說，情緒不佳的時候不要說。

本章小結

打破溝通的障礙，就是要打破組織溝通的障礙與個人溝通的障礙。抓住組織溝通的障礙原因，採取有效的溝通方式，完善組織溝通渠道，建立良好的反饋機制以實現有效的組織溝通。人際溝通則是透過有效傾聽，控制情緒，把握溝通的時機來實現的。成功的酒店經理更多地需要透過調整良好的溝通心態來實現有效的溝通，打破溝通障礙。

心得體會

◎ _____

◎ _____

◎ _____

◎ _____

◎ _____

◎ _____

◎ _____

◎ _____

◎ _____

◎ _____

◎ _____

◎ _____

◎ _____

第七章 有效溝通的技巧

本章重點

● 學會積極傾聽

● 有效利用反饋

● 咬文嚼字簡化語言

● 學會非語言溝通

● 實施會議溝通

學會積極傾聽

傾聽是一門藝術

案例 哪個金人最有價值

有一個小國的人到中國來，進貢了三個一模一樣的金人，把皇帝高興壞了。可是這個小國的人不厚道，出了一道題目：這三個金人哪個最有價值？有一位退位的老臣想出了辦法。皇帝將使者請到大殿，老臣胸有成竹地拿著三根稻草，分別插入三個金人的耳朵裡。結果第一個金人的稻草從另一邊耳朵出來了，第二個金人的稻草從金人的嘴巴裡出來了，而第三個金人的稻草進去後則掉進了肚子。老臣說：第三個金人最有價值！使者默然頷首，答案正確。

老天給我們兩隻耳朵一個嘴巴，本來就是讓我們多聽少說話的。最有價值的人，不一定是最能說的人，保持低調，才是成熟的最基本的素質。

傾聽是一門藝術，有效的溝通需要以傾聽作為前提。著名政治家邱吉爾說：「站起來發言需要勇氣，而坐下來傾聽更加需要勇氣。」善於傾聽是酒店經理最基本的溝通技巧，也是溝通成功的出發點，卻也是在溝通中最容易被忽視的一部分。

案例

著名管理大師彼得•聖吉在研究學習型組織的時候非常注意吸收中華文化的精髓，曾經多次到香港拜訪南懷瑾先生。他第一次去的時候，南懷瑾先生很客氣，很禮貌地給他倒茶，當茶倒滿時，他還繼續往裡倒，茶水沿著杯口溢出來了。彼得•聖吉不理解他的做法。南懷謹先生於是說：「你不是想學中國的文化嗎？中國的文化就是這麼修煉出來的，就是『滿則溢』。你如果想學中華文化的精髓，首先必須把你的西方價值觀都倒空，如果你用西方的觀點來看中華文化，就會格格不入，所以要虛心以待。」

程老師建議

◇ 傾聽是一門藝術。

◇ 作為一名酒店經理，要學會傾聽就應該要做到：

腦思——大腦要多思考；

眼明——眼睛要多看；

耳聽——兩隻耳朵一張嘴，多聽少說；

嘴嚴——嘴巴牢靠，不傳閒言碎語。

專心與耐心

專心與耐心是一種傾聽的態度，專心地傾聽可以把隨意、膚淺的話題引向深入和豐富，耐心地傾聽可以引發對於話題的思考與回味。如果我們認真地傾聽，專心地瞭解對方所要表達的內容，耐心地聽取對方的意見，那麼，必將受益匪淺。

專心與耐心也是一種相互的尊重。如果我們真正地關心他人，積極而不是被動地聽他說話，是會對他產生積極影響的；同樣，別人認真聽我們說話，也會對我們產生相應的影響。因此，我們要學會做一個專心、耐心的傾聽者，真正地去聽取他人說話的內容。

自我與他「我」

作為溝通者，我們要在自我與他「我」的平衡中，適當地選擇站在對方的角度考慮問題，才能真正地理解對話的內容，理解對方的真實想法與觀點立場。自我是自己，他「我」是對方想法中的「我」，切實從不同的角色扮演中轉化思維角度。

特別提醒

換位思考，於「我」中找「他」，於「他」中找「我」。

接受與回應

積極地傾聽，不僅要學會接收，更要學會回應。接收只是聽，回應是對聽到的訊息進行思考以後所做出的一種應對，是對訊息的再加工與反饋。這樣做，一方面可以使對方知道你不僅在聽，而且很感興趣，正在努力聽懂他的意思；另一方面也有助於提高你傾聽的效果。

理解與分析

我們進行交流溝通的主要目的就是交流意見，達成共識，其間理解與分析尤為重要，它們是達成有效溝通的重要手段。

完整的句子

首先需要聽懂包含訊息的語句，要清楚地聽到語句中包含的全部內容。切不可一知半解，盲目判斷，妄自推測。

抓住關鍵點

傾聽是要注意整理出訊息中的一些關鍵點和細節問題，準確把握關鍵的字句和語意，並時時加以回顧。

意會潛臺詞

作為傾聽者，不僅要聽清楚對方講話的內容，還要邊思考、邊領悟，注意談話者的談話內容中是否隱含著一些潛臺詞，比如幽默、反語或別的含義。

判斷感情色彩

我在面試酒店高級主管的時候，常常會發現在高壓的狀態下，一般人的語速、語音、語調都會出現細微的變化，有時候還會表現出身體顫抖、表情僵硬等。這些下意識的表現最能反映一個人的內心，所以，我們在傾聽中不僅要注意傾聽講話者講話的內容，還要注意觀察他語調、語音、語速的變化以及肢體語言的反應，從而判斷對方的感情色彩以完整地領會意義、判斷內容的真偽。

克服慣性思維

人們常常習慣性地用潛在的思維模式來判斷對方的意思，用潛在的假設對聽到的話進行評價，只有突破慣性思維的束縛，克服假設性思維的障礙，才能取得突破性的溝通效果。

案例

幼兒園的老師問小朋友：「你長大以後想要做什麼？」一個小朋友回答說：「我長大後要做空軍，駕駛飛機。」然後老師接著問了：「如果你的飛機在太平洋上出事情了要怎麼辦呢？」，小朋友就說了：「我拿著降落傘跳出去，讓飛機上的人等等。」幼兒園老師笑了，她認為，這個自作聰明的小孩怎麼可以選擇自己逃生而不管別人，於是又問道：「為什麼要這樣做？」小朋友又說了：「我還是要回來的，我要去拿燃料！」

作為酒店經理不要在下級還沒有講完就提前做出你的判斷，你真的聽懂了對方的講話嗎？你是不是習慣用自己的權威打斷下級的講話，按照自己的經驗妄加評論和指揮？如此溝通，一方面你容易做出片面的判斷，另一方面使下級感到不被尊重。

反饋對溝通雙方的人際關係有重大影響，恰當的反饋可以增進雙方的理解，而不恰當的反饋則可能會導致溝通雙方形成對立的局面。

先聽與先說

生活中我們常常會遇到因為道聽途說之詞，或者一些毫無根據的訊息，而對他人產生誤解，尤其是在職場中，這樣的情況更多。當別人向我們講述他人的情況時，我們應該要做到先聽，而非先說。議論他人短長是職場大忌，酒店經理一定要管好自己的嘴巴。

急於解釋不如先聽前因後果

我們首先要在瞭解情況以後才能知道應該如何去應對。有些事情傾聽之時不要急於解釋，否則越急於解釋越說不清楚，「越描越黑」的印象更是讓你不被相信。

恭謙地反思自身

我們在傾聽對方陳述時應該報以恭謙的態度去聽取他人的意見，並且針對現有存在的問題時時進行反思，找出自身的不足與過錯，不要過多地強調客觀原因。

保持積極的心態

在進行談話之前自己儘量不要因為主觀原因提前對所要談論的事情下定論，要保持良好的心態去面對談話的內容，切忌採取消極的態度迴避問題。積極的情緒可以幫助我們更加客觀冷靜地去分析問題，能夠讓我們設身處地地從對方的角度去考慮問題，從而讓我

們得到更加準確的訊息；相反，消極的情緒會讓我們的判斷出現嚴重的偏差。

先入為主

以自己的角度、想法去判斷內容是不可取的。不要被先入為主的印象損害了交談的深度。

喜怒好惡

對於溝通的內容，個人情緒反應會有不同，如對於一些事情感興趣而對另一些事情不感興趣。如果產生了牴觸情緒，溝通的效果必然大打折扣。

偏愛與偏見

特別喜歡一個人或者特別討厭一個人，都不是一件好事，兩者都會給交談帶來負面的影響，都會使判斷失誤。

利益衝突的關鍵

談話內容涉及到甚至是威脅到傾聽者利益的時候，也會造成傾聽者不注意或者迴避談話的內容。比如，這件事情應該是由酒店店務會議討論決定的，現在來詢問意見，我就沒有必要下結論。酒店的員工會認為這件事情做對了，我得不到表揚，若做錯了還要受批評。權衡利害之下，必然會選擇置之不理，從而出現「踢皮球」現象。

姿態與神態

傾聽的姿態一般體現為肢體的動作，傾聽的神態主要表現在面部表情上，如眼睛、嘴巴等。傾聽是一個邊聽、邊看、邊想、邊思考並且反饋的過程，要將自己的整個身心投入到傾聽的過程中去，才能及時、準確地把握每一點訊息。

眼神的交流最為重要

作為傾聽者，在傾聽對方時，要注意用適當的目光注視講話者，讓他知道你對他的談話很感興趣，而且你在認真地傾聽他的講話，並且會繼續認真聽下去。例如：櫃台員工在接待高峰期為賓客辦理入住登記手續時，要注意做到「接一顧二看三」，即接待第一位賓客時，要兼顧第二位賓客的需要，同時還要與第三位賓客進行適當的目光交流，避免冷落了其他的賓客。把眼神的交流與語言結合在一起，同時也和身體動作、肢體語言結合在一起，將會使溝通的效果更為明顯。

特別提醒

眼睛會說話。用你的眼睛與對方說話，也要讀懂對方眼睛所說的話。

姿態亦是一種語言

傾聽者在聆聽對方談話時要保持一種輕鬆隨意的姿態，使溝通能夠在一種比較輕鬆的氛圍下進行。我們在交談中切忌雙手抱臂，表現出一種嚴肅的表情，或者是不時地跺腳、看時間，顯得很不耐煩的樣子，這些表現會使談話者在無形之中感到拘謹和緊張。

神態流露出的心聲

在溝通中，神態是一種非語言，流露出心裡對於談話的態度，尤其是面部表情能真實地反映傾聽者的心理活動。例如，緊鎖的雙眉能表露出你對談話內容的思索或不滿。所以，在談話中，在傾聽對方講話時，一定要注意運用自己的面部表情，一定要注意自己的神態，鼓勵對方表達出他真實的想法。

微笑是最美的傾聽

微笑是人類共同的語言，也是全世界共通的語言，我們常說：「笑一笑，十年少」、「伸手不打笑臉人」等，可見微笑所具有的非凡魅力。微笑是一種愉悅的表情，也是最美好的表情。微笑著傾

聽可以讓我們感受到交談的愉悅，能夠鼓勵對方講出自己的觀點，促使雙方能夠在一種很愉快的氛圍中交談。

思考

希爾頓經常問員工的話是「今天你微笑了嗎」，請你也問問自己的員工，同時也自問：我對員工微笑了嗎？

瞭解傾聽的障礙

「我反對」效應

觀點不同時往往會表現出「我反對」，這是影響傾聽的第一個障礙。如果雙方的分歧很大，不僅僅使一方無意於傾聽對方的觀點，甚至可能會產生厭惡的情緒，這對於傾聽是極為不利的，在這種排斥異議的情況下，我們很難平心靜氣認真傾聽。

「你錯了」效應

「你錯了」，當然，對於內斂的中國人來說，這個詞語往往是在心裡對於他人的否定。如果和他人之間產生了隔閡或者由於某種原因產生了誤會，這時不論他做出怎樣的解釋，你都會認為是藉口；他人細微的動作在你的眼裡都會被放大幾十倍，認為他所做的一切都是衝著你來的，這樣一來你就根本聽不進別人說的話。

「打擾了」效應

發言是一個主動的動作，而傾聽是被動的。在習慣性思維下，我們往往會在對方還沒有表述完整的時候，就已經不耐煩了。「打擾了，我認為......」，迫不及待地打斷對方的發言以發表自己的意見。這樣，傾聽者就很難領會到對方的意思了。

「我在忙」效應

時間的安排也是一個極為重要的因素。如果對方在想要發表言論或者需要交流的時候而你不停地接電話，整理文件，處理突發事

件等等，這會導致對方失去講話的慾望，從而出現溝通障礙。

環境效應

通常酒店的經理人都是在不斷地巡視酒店的各個區域，實施現場管理。如前檯部經理要在大廳區域巡視，客房部經理要在客房的各個樓層巡視，餐飲部經理要在餐飲區域巡視，工程部經理要在酒店的各區域檢查。透過酒店中層領導者的現場巡視管理，一方面使酒店的管理有序，下級可以隨時隨地地找到上級，另一方面也能及時地發現並處理一些突發性事件。在巡視過程中會受到環境因素的影響和干擾，在傾聽時容易分心，很難認真傾聽下級與你的談話。

有效利用反饋

經典反饋論

什麼是反饋

所謂反饋就是在溝通的過程中，訊息接收者對訊息發送者的內容做出回應的行為。反饋是溝通過程中的一個關鍵環節，不少人在溝通過程中不注意，不重視甚至是忽略反饋，結果導致溝通的效果大打折扣。

我們聽懂了對方的講話並不意味著就是一個完整的溝通過程。一個完整的溝通過程既包括訊息發送者的表達和訊息接收者的傾聽，也包括訊息接收者就其所接收的內容對訊息發送者的反饋。訊息接收者所得到的訊息與發送者實際所要表達的意思往往大相逕庭，為此，我們必須對訊息做確認，以避免訊息接收的失真。

案例

某酒店接待一批政府官員，酒菜滿席，主管姍姍而來。滿座起

身相迎，一片寒暄之聲。旁邊侍宴的小姐，經驗不怎麼豐富，頗有些緊張。

當大家都已經落座，有人招呼說：「服務生，茶！」小姐忙上前數人數：「1、2、3、4、5、6、7、8，共八位。」大家都笑了，主管於是補充道：「服務生，倒茶！」小姐忙又「倒查」了一遍：「8、7、6、5、4、3、2、1，還是八位。」

於是，有人就問了：「你數什麼呢？」小姐猶豫了一下，小聲答道：「我屬豬。」大家都誤聽為是「數豬」，都很生氣，於是說：「把你們經理叫過來！」

經理來了，笑著問：「各位主管，請問找我有什麼事情？」主管說：「不要多問了，去查查這位服務生的年齡、屬相。」經理納悶了，卻也只能依命而行，回來以後回答說：「19歲，屬豬！」主管大笑，眾人大笑。

程老師建議

◇ 反饋時，要根據現場的環境和語境做出判斷。

反饋要及時

在團隊的溝通與協作中，成員之間能夠及時地給出反饋意見是非常重要的。上級向下級佈置工作，下級要將工作完成的情況向上級反饋；下級向上級申請報批的請示，上級要向下屬反饋；賓客向酒店提出的有關酒店管理或服務上的問題，酒店要向賓客反饋等等。這些反饋都必須及時、準確，否則，訊息鏈一旦中斷，各種負面影響便會接踵而來，不利於酒店的團隊建設。

反饋的重要性

透過反饋給予別人肯定的訊息，能夠鼓勵對方積極發表自己的觀點，可以使溝通在愉悅的氛圍中進行，重要的還在於確保溝通暢

通無阻，使訊息接收準確。酒店有必要建立及時反饋制度，以提高團隊的工作質量和工作效率，進而提升整個團隊的執行力。

缺少反饋的溝通將直接導致兩方面的後果：一方面是訊息發送者（表達者）不瞭解訊息接收者（傾聽者）是否準確地接收到了訊息，另一方面是訊息接收者無法澄清訊息的內容並確認所接收到的訊息是否就是訊息發送者想要表達的真正含義。

案例

一位業務員想和一家公司的總經理見面商談業務，他請總經理秘書把自己的名片遞進去。

當時總經理正在忙，於是不耐煩地把名片丟了回去。秘書退了出來，把名片還給了業務員。業務員很客氣地說：「沒關係，我下次來拜訪，請總經理留下這張名片就行了。」在業務員的再三請求下，秘書又走進辦公室試圖把名片遞給總經理。總經理發火了，把名片撕破並且扔進了垃圾筐裡，然後從口袋裡拿出十塊錢，說：「十塊錢買他一張名片，夠了吧！」當秘書再次出來，把情況說明後，業務員非但沒有生氣，還很開心地說：「請你跟總經理說，十塊錢可以買兩張我的名片，我還欠他一張。」邊說邊又從口袋裡掏出一張名片交給秘書。這時候，總經理走了出來，微笑著說：「你進來吧，我不跟你談生意，還和誰談。」

程老師建議

◇ 反饋者應防止自己由於對方的不良反饋而產生情緒波動，從而造成反饋的不良循環。

◇ 酒店經理應該理智地對待對方的各種反饋，並根據情況機智地做出自己的反饋。

◇ 當心情不好的時候，千萬不要到工作現場督察工作，可以打開窗戶欣賞風景，外面的世界很精彩，要保持心情的愉悅。

順利反饋的技巧

換位思考

要學會站在對方的立場和角度上，理解對方的態度與觀點，做出準確的、有針對性的反饋。換位思考也是反饋過程中對於對方的一種尊重。

力求準確

如果反饋的意見模糊不清，與表達不清會有一樣的後果。所以，在反饋中，與其說你需要改進工作，不如明確地指出你哪些地方做得不好。

案例

我做總經理要求酒店各部門經理對高層交代的各項工作必須按時、按質、按量、不折不扣地完成，並將完成情況以電話、電子文檔或者書面等形及工作反饋，各部門的負責人也要求下級對佈置的各項工作的完成情況進行反饋。例如，銷售部經理安排銷售部司機將一位重要客戶連夜送往目的地，司機在完成工作後，要及時向經理彙報：「我已經將客人送至目的地，現在正在返回的路上。」

建設性反饋

讚揚和認可的反饋更易於被對方所接受，更能提高對方的積極性，相反，如果反饋是全盤否定的批評，那麼這不僅是向對方潑冷水，而且下級也會對你的批評意見不屑一顧。

我們在實際的工作中，對於下級所做工作的反饋，應該先肯定下屬工作中積極的一面，再對其中需要改進的地方提出建設性的意見，這就比較容易使下級心悅誠服地接受，並且在工作中進行改進。

對事不對人

反饋是針對事實本身提出意見，而不是針對個人，更不能涉及人格。反饋是根據對方所做的具體事情，具體的話進行反饋，就工作的本身向下屬反饋，使他瞭解你的看法，共同探討解決的方案和補救的措施，從而更加有效地促進雙方的溝通。

集中可改進方面反饋

我們所要反饋的意見要切合實際，要集中在對方可以改進的方面，這樣做可以減輕對方的壓力，使他可以在自己的能力範圍之內，接受你的批評和建議。

特別提醒

給下屬制定他跳起來可以夠到的目標。過高的目標會挫傷下屬的自信心，而不切實際的目標則會降低你在下屬心目中的威望。

把握時機

作為酒店經理人，發現問題時要及時向有關的部門負責人進行反饋，當然，一些能夠進行自主處理的事情與一些已經進一步擴大了的問題，或是已經形成了一段時間並造成不良影響的事情我們應當區別對待，那些為時過晚的反饋就顯得很無力了。

八小時覆命

首先，上級向下級指派工作要提出限時要求，對於無法限時的工作應按八小時覆命執行。其次，員工接受主管口頭或書面指派的非限時工作任務，須於接受任務之時起，八小時內彙報工作結果或承辦情況。再次，部門之間非限時的協作事宜，應在八小時內互相通報工作進展情況。最後，員工向上級反映問題，提建議等，部門經理或主管須在八小時內通告工作結果或承辦情況。

案例 無效反饋

一個經理通知他的秘書說：「你幫我去查一查我們有多少人在

華盛頓工作，星期四的會議上董事長將會問到這一情況，我希望準備的詳細一點。」於是，這位秘書打電話告訴華盛頓分公司的秘書說道：「董事長需要一份你們公司所有工作人員的名單和檔案，請準備一下，我們在兩天內需要。」分公司的秘書又告訴經理：「董事長需要一份我們公司所有工作人員的名單和檔案，可能還有其他材料，需要盡快送到。」

第二天早晨，四大箱航空郵件從華盛頓送到了公司大樓。

酒店經理應該要充分理解溝通所涉訊息，對於需要反饋的內容進行確認才能準確反饋；有效的反饋要抓住主要問題和主要矛盾，理解得過於複雜或過於簡單都會偏離訊息本來的意思。

接受反饋的技巧

認真傾聽

要接收反饋，首先必須培養良好的傾聽習慣，使反饋者能夠儘可能全面地表達他的觀點，以便於你能掌握更多的訊息。如果你打斷對方，一方面可能會打斷對方的思路，使對方無法清楚地表達他的意思；另一方面也會使對方認為他的某些話可能冒犯到你或觸及你的利益，就會把原本想要說的話隱藏起來。這樣，溝通的過程中，對方無法真實表達，你也不能夠瞭解對方真實的意思，形成了溝通的障礙。

案例

餐飲部領班小張向主管反映這幾天員工的工作紀律有所鬆懈，賓客因為服務品質差、服務效率低等問題投訴較多。但是在交談的過程中，小張發現主管一會兒接聽自己的電話，一會兒又詢問她這兩天餐飲的點餐客人消費情況，一會兒又說前段時間婚宴接待較多，員工有些疲憊。小張想，是不是因為這段時間酒店正在對主管級管理人員進行績效評估，自己反映的問題太多了些？於是，還未

說完的話也就吞回肚子裡去了。

心態積極

在傾聽時，要儘量保持一種積極的心態，避免情緒的波動產生衝突。冷靜清晰地思維能夠幫助我們認清訊息的正誤與效用。保持積極的心態會認為對方反饋的訊息是對自己善意的幫助，心態平和，也就能夠正確地接受反饋的訊息。

放下防衛心

人們總是會錯誤地認為反饋就是對我的攻擊，所以，往往保持一種自衛的心態，於是在溝通過程中會出現打斷對方或者將話題的主動權轉移到我的立場。事實上，我們應該要有意識地虛心接受一些有建設性的意見和善意的批評。

特別提醒

豪豬豎起刺，各自都覺寒冷；收起刺，彼此取暖。

提出問題

傾聽不是被動的，反饋也不是主動的，我們在溝通中應該要辨明對方評論的問題，沿承對方的思路，傳遞禮貌和讚賞的訊息。在傾聽過程中主動提問，這種提問也是為了確認訊息，獲得訊息，提問也是對於對方的講話進行反饋的一種方式。

確認反饋

在對方進行反饋的時候，我們應該要適當地重複確認對方所要表達的意思，以保證訊息不會被錯誤地接收，而自己也能夠對對方的表達做出正確的反饋。

理解對方

在傾聽上級或者下級的講話時，要仔細分析其中是否隱含著其

他的用意。如果你不能把自己的觀點暫時放在一邊，不能把注意力集中到他們表達的觀點上，你就不能真正理解對方的意圖。

表明觀點

在與上級的溝通結束以後，你有必要及時地表明你的態度和下一步的行動計劃，徵求他的意見與建議。而在與下級的溝通結束時，你不一定要提出你的行動方案，但是一定要及時表明你的態度，讓下級瞭解你的真實想法，使他對你產生信任感，便於以後出現問題時，他們能及時地向你反饋，並與你進行坦誠的交流。

程老師建議

◇ 積極的回應應該採用同情和關切兩種方式。

◇ 要準確理解傾聽的內容，要學會控制自己的情緒，排除消極情緒。

◇ 反饋要學會換位思考。

◇ 要能夠準確及時地進行反饋。

◇ 對他人的反饋進行思考與總結。

◇ 要反饋首先要學會積極傾聽，瞭解對方。

◇ 反饋要放下防衛心。

咬文嚼字簡化語言

正確認識「咬文嚼字」

現代漢語詞典對於「咬文嚼字」這個成語的解釋是說，認真推敲字句的意義和正誤（有時含貶義，指過分注重文字而不去領會精神實質）。我們這裡講咬文嚼字，是指不僅要關注說話者的表面語

意，也要關注其引申的意義；不僅要表達清楚意思，還要用最為簡單明了的語句去陳述。

中國和亞洲的管理人員對於下級的要求只說大概，需要下屬去「悟」，所以，在與管理者尤其是在與上級進行溝通的時候，要特別注意咬文嚼字，正確領會上級的意思。而在與下級的溝通中，要儘量使用較為簡單明了的語句去幫助下級理解意思，安排任務，避免冗長的會議，導致下屬的厭煩情緒。

咬文嚼字的技巧

揣摩暗示語

主管的講話總是意味深長，話裡有話，具有權威性。與主管談話尤其要注意技巧，要認真領會主管的意思，俗話說的揣摩聖意，大致就是這個意思。如此的咬文嚼字才能夠思索出對方的話外之音，言外之意，才能夠正確地領會上級所分配的任務，或者上級必須說而又不能明說的事情。

瞭解對方的性格

學會揣摩對方的性格。所處環境不同，同樣的一句話往往意思不同，比如辦公室裡說的話與酒桌上說的話總是有很大的差別。權變的情境下，要正確領會領導的真實意圖，需要透過對上級性格脾氣習性的瞭解去揣測他要表達的意思，「揣摩聖意」的線索是他說話的語氣、神態等。

擺正心態

積極的心態像陽光，照到哪裡哪裡就溫暖，消極的心態像月亮，初一十五不一樣。咬文嚼字要擺正心態，不能故意找麻煩、沒事找事，而是要客觀地理解對方講話的意思。

細心傾聽

一項工作在確定了大致的方向和目標以後，主管通常會指定專人來負責該項工作。如果領導明確指示你去完成某項工作，那你一定要用最簡潔有效的方式去把握領導的意圖和工作重點。此時，你可以運用傳統的方法來記錄工作要點，比如時間、地點、任務、目的等等，以達到有效領會工作事項的目的。

如何簡化語言

用事實和數據說話

事實和數據往往是客觀事物的具體表現，比任何的描述和個人感受都更具有說服力，同時也不必做過多的解釋。在討論問題、彙報工作甚至是在說明困難時，要找到有針對性的、確切的數據作為依據，引用客觀公正的事實或數據，陳述利弊、不偏不倚，可增強可信度。

化繁為簡

如果一件事情能夠用一句話陳述完整就儘量用一句話，如果一場會議能夠在十分鐘內完成就不要花費一個鐘頭，如果一個建議能夠當面兩句話提出就不要洋洋灑灑長篇大論寫N多頁冗長的報告。精練的語言能夠迅速抓住人的注意力，讓其保持專注，提高溝通效率。

酒店經理在日常工作中要處理大量的事務，冗長的交談只是浪費時間浪費精力，並不能夠為工作帶來效率和進展，反而使工作中多了不必要的煩瑣事務。

訊息傳達準確

酒店經理的日常溝通一般都是分配任務，聽取彙報，以及對需要解決的問題進行討論等等。經理人傳達的訊息要明確，如果指令是模糊的，接受任務的一方有必要提出建議，訊息發出者則要重申表達內容，這就增加了溝通中的程序與步驟，使簡單的事情變得複

雜。

思考

假設你將向你的上級彙報年度營銷計劃，你打算如何向上級陳述？如果只有十分鐘的陳述時間，十分鐘的答疑時間，你將做怎樣的報告設計？

學會非語言溝通

認識非語言溝通

非語言溝通的含義

非語言溝通是相對於語言溝通而言的，是指透過肢體動作、面部表情、語氣語調、儀表服飾等方面的訊息進行交流和溝通的過程。我們常常會發現一些酒店經理在與賓客的溝通中會使用正確的禮貌用語，但是，其面部的表情，說話的語氣，手勢動作等反映出其「口不應心」，令賓客感到不悅。

非語言溝通的重要性

美國語言學家艾伯特•梅瑞賓提出了一個著名的溝通公式：溝通的總效果 = 7% 的語言 + 38% 的聲音 + 55% 的表情。非語言信號所表達的訊息往往是很不確定的，但常常比語言訊息更具有真實性，因為它更貼近內心，難以掩飾。

學會非語言溝通

言為心聲，形為心役

「言不為心，心為形役；言為心聲，形為心役。」我們在溝通中因為理智、職業素養、酒店規章制度、督導監督等約束而注意到用詞用語，以做到舉止符合工作規範，但是，往往面部表情、手勢

動作、眼神等卻已經「出賣」了真實的內心世界。「言不由衷」是溝通的障礙，必須予以破除。

表情

在所有的非語言溝通中，表情是最重要，使用最頻繁、表現力最強的形式。在與賓客溝通時，一定要注意自己的表情，不能把自己的不良心情帶到為賓客服務中去，要以輕鬆愉悅的表情，拉近賓客與我之間的距離。

愉悅的表情往往就是微笑。微笑是人間最美好的語言，雖然無聲，但是它表達了高興、喜歡、同意、尊敬等很多意思，讓人感到親切、溫暖、有信心，並且有助於建立彼此的信賴感。

眼神

眼睛是心靈的窗口，人們靈魂深處的情感可以透過這個窗口折射出來。在溝通交往中，往往主動者更多地注視對方，而被動者較少迎視對方的目光。所以，許多成功人士都把修煉自己的眼神作為邁向成功的一步！

當你注視著賓客時，表示你對他或他說的話感興趣；當你迴避了雙方的目光交流時，對方就會覺得你不重視他，對他不屑一顧。所以，要學會用目光交往，但是，要保持一定的度，在整個溝通過程中，目光交流的時間占60% 是最合適的，既讓對方感受到你的尊敬和重視，又不會覺得你老盯著他不禮貌。

特別提醒

對賓客的眼神要親切，對待上級眼神要自信堅定，對待下級眼神要嚴肅。會議時眼神要專注，聯歡時要和善。與女性講話時的眼神和與男性講話時的眼神應該有所區別。

姿勢

身體姿勢作為一種非語言符號，無聲地傳遞著人們的思想感情和個人修養，如交談時，身體前傾，表示熱情、感興趣；身體後仰，顯得不在乎和輕慢；雙腿亂抖或不停地換姿勢，是緊張或不耐煩；拂袖離去是拒絕交流的表示。

作為注重禮儀與禮貌的酒店行業從業人員，要注意端正自己的姿勢，以免給賓客留下缺乏修養的印象而不願與你打交道。

特別提醒

禮貌像是氣墊，裡面可能什麼也沒有，但是卻能奇妙地減少顛覆。

——莎士比亞

動作

說話時適當地配合動作，有助於內容表達，可加強感染力，但動作不當或過分就會令人生厭。比如說為客人指引方向的時候，引導客人入座的時候，應該將五指併攏，手臂伸向前方以引導，而不是用食指一指，兩種做法帶來的效果有天壤之別。

動作也可以說是一種暗示，比如有的人喜歡聳肩，表示我沒有辦法，比如說點頭表示同意，說再見的時候揮一下手，是對於語言的解釋，有些人會揚眉，表示不太相信對方講的話。如果暗示動作的意思是好的，或者表示理解，那麼，動作可以加強反饋，給予對方鼓勵；如果暗示的動作是不禮貌的，那麼，經理人在溝通中要特別注意不可做出這些消極的暗示性動作。

特別提醒

手勢運用要恰當，忌插口袋、抱胸、亂舞、指人等動作。請隨時管好你的雙手。

思考

向客人鞠躬致意，為客人手擋電梯門，表達出我們對賓客的尊重與關注。想想還有哪些舉動可以表達我們對賓客的善意？對同事、上級、下級的善意動作又有哪些呢？

案例

小王敲門進辦公室的時候，經理正在打電話，經理朝他笑了一下，手往沙發一指示意小王到沙發上坐一下稍等，這是經理同時與兩個人進行了溝通。

這是非語言作用，它幫助我們在特殊情況下能夠解決一些溝通上的問題，簡單的一個手勢就能夠表明意思。

儀表

衣著本身是不會說話的，我們也不能以貌取人，但在社會交往中，衣著是留給別人對你第一印象好壞的關鍵。衣著整潔、儀表端莊、舉止沉著、化妝得體是對賓客最起碼的尊敬和重視。酒店經理人職業形象良好，才能獲得他人的好感和信任。

距離

與英國人講話的時候，要保持伸出手指尖不能碰到對方的距離，這是紳士的做派，所以，與英國人講話不要靠太近，你一靠近他就稍微退一些，你再靠近他又稍微退後一些。在中東，兩人說話可感覺到對方的呼吸，氣哈到脖子上就是兄弟，所以，中東人貼得特別近。中國人之間的身體距離通常為半米至一米。

經理人在與上級、下級或者賓客進行溝通時要特別注意空間距離，切不可不拘小節跨越了對方的「領域」，以免引起一些誤會。

沉默

沉默有時候也是一種有用的非語言。有時，保持適度的沉默是對他人的尊重和理解，是一種溝通的好方式。例如：在賓客傾訴他

們的建議時，如果經理學會適度沉默表示自己正在聆聽，就會增加客戶對你的信任度。當然，沉默在不同的情形下有不同的意義和不同的作用，這就需要學會根據不同的場合做出恰當的反應，做到該沉默時就沉默，不該沉默時一定不要沉默，否則，賓客會以為沉默是表示對他們的異議。

實施會議溝通

作為酒店的經理總是有大部分的時間在開會，對於怎樣開會，並不是所有的酒店經理都很清楚，常常是會而不議，議而不決，決而不行，行而未果。酒店經理人在工作中要掌握開會的技巧，要懂得會前怎麼準備，會中怎麼執行，會後怎麼跟蹤。下面以我開會的實例來介紹會議溝通技巧。

「各位經理，大家好：

我們今天召開的這個會議，主要是討論三個問題：第一個是關於......的問題；第二個是關於......的問題；第三個是關於......的問題。召開本次會議是為了......請大家圍繞本次會議的主題，談談你們的看法......」

透過以上我主持酒店部門會議的發言，大家可以瞭解到，一個簡單明了的會議開場白就能夠反映出主持會議的思路。酒店經理在召開各類酒店經營管理分析會議時，要掌握開會的技巧，開場白要簡潔、清晰、開門見山。同時，要簡單說明召開本次會議的原委和重要性，引導大家圍繞會議的主題展開討論，各抒己見。

沒有規矩，不成方圓

沒有規矩不成方圓，一個完整的酒店管理團隊必須具備完整的規章制度與完善的酒店管理紀律；針對酒店各部門內部以及部門之

間存在的問題，保證酒店會議高效、有序地召開，從而能夠制定相應的酒店例會制度，而該制度必須完整、規範、切合酒店自身的實際情況。

酒店會議種類

酒店會議的種類有很多，如酒店早會、部門早會、班組例會、酒店店務會議、酒店質量分析會議、酒店節能會議、酒店安全管理會議、酒店柔性新聞小組會議、酒店人力資源規劃會議、酒店年度總結表彰及下年度工作計劃會議、酒店半年度銷售工作總結及計劃會議等等，並且都具有其各自的作用。下面我將介紹兩種主要的酒店會議類型，以某高星級酒店會議實例來介紹如何召開富有成效的會議。

酒店早會

酒店早會由酒店總經理主持，各部門經理參加，屬於酒店日常經營管理會議之一。一般情況下，早會於週一至週六上午召開，聽取各部門經理的工作彙報和昨日酒店的經營管理情況。部門早會是各部門內部召開，由部門經理主持，部門內所有管理人員參加，也屬於酒店日常的經營管理會議。

酒店經理在召開早會的時候應該要做到精神抖擻，樹立良好的形象，我開早會一般情況下都是站立著開會，這樣能夠使員工保持良好的精神面貌，並且能避免多民主對話會議現象的發生，進而提升會議效率。

案例 酒店部門早會制度

1．酒店部門早會於每週一至週六9：30am召開，會議時間為30分鐘左右。

2．參加人員為酒店部門管理人員。

3．與會人員不得無故缺席，如有特殊原因不能參加者，必須事先報部門總監（經理）批准，事後必須到部門文員處熟知會議內容。對於非當班管理人員在當班後必須瞭解前期部門會議內容。

4．參加早會者，必須按酒店規定，統一著裝，會議期間手機調為振動或者靜音狀態，不得接打電話。

5．各部門須確定每日早會彙報順序，會議彙報按照順序發言，語言要加以規範，特別是在彙報完畢後應有類似於「彙報完畢」等結束語。

6．部門基層管理人員彙報的內容為：部門班組（分部）運作（經營）情況、員工勞動紀律、存在問題、有利於酒店部門運作（經營）的各類建議、需其他班組（分部）協調或部門解決的問題等。

7．發言人必須認真做好與會發言前的準備工作，做到語言簡練，突出重點。如第一，關於......的問題；第二，關於......的問題；第三，關於......的問題等，會上不得隨意插話，如需補充彙報時應在早會後提出。

8．會議議程：

（1）部門班組（分部）彙報；

（2）部門助理發言；

（3）部門總監（經理）解決各自部門提出來的問題，解決或處理不了的提交酒店層面；

（4）部門總監（經理）傳達酒店早會內容，要求分清主次；

（5）部門總監（經理）佈置或補充當天的工作內容，指導下屬當天的工作。

9．各部門必須將當日早會內容整理成電子文檔，以電子文檔

的形式反饋至酒店總經理。

10‧酒店將不定期對各部門早會質量進行抽查。

酒店店務會議

酒店管理離不開對數據的錄入、整理、彙編和分析，酒店店務分析研討會的功能就是透過對數據的分析比較，肯定成績，找到不足，明確酒店下期經營與管理目標，以進一步提高酒店經營績效，實現效益的最大化。

案例 2018年1月酒店工作要點

工作主線：

經營上：圍繞傳統佳節做「年」文章；

管理上：圍繞「新年、新春、新思路、新計劃、新方法」進行展開。

一、酒店經營及銷售

1‧積極利用春節拜年契機開展目標市場促銷活動；

2‧繼續實施商務服務項目的調整和推廣；

3‧精心操作暖春系列主題活動，如訂酒店年夜飯，送開心全家福；新春高級客房優惠活動；年貨超市的銷售等。

4‧營造新春佳節氛圍，精心做好各項預訂，爭取效益最大化；

5‧全面下達2009年酒店各項經營及工作指標；

6‧做好經營備貨保障工作。

二、酒店機制建設

1‧新年新制度的啟動；

2．做好年內外的「五防工作」（防火、防盜、防騙、防中毒、防意外事故工作）；

3．做好外包場所的年度審計工作；

4．實施2018年各相關部門及經營區域經濟指標考核辦法。

三、酒店人力資源管理與開發

1．完善組織架構，增強管理合力；

2．精心組織和參加2017年度酒店總結表彰大會和集團公司總結表彰大會；

3．做好年終薪資調整、年終獎的評定、晉陞及福利發放等工作；

4．出臺2018年度各級管理人員培訓計劃；

5．完成2018年酒店部門績效考核方法修訂工作；

6．妥善處理酒店人力資源年終安排，避免春節期間因員工的流失而影響服務質量。

四、酒店品牌建設

1．根據新春經營淡旺，展開2018 年度更新改造計劃；

2．切實做好酒店春節期間酒店社會公共關係的維護工作；

3．制定和開展2018 年度第一季度服務質量主題活動；

4．組織策劃酒店新春廣播團拜活動；

5．根據集團對酒店賓客滿意度調查反饋結果做好整改工作。

五、酒店文化建設

1．改善員工春節期間的福利待遇，切實安排好員工業餘生活，讓員工在佳節期間體會到親人般的關懷；

2.召開新春座談會;

3.員工滿意度整改實施情況專項調查;

4.進一步加強企業文化建設工作,發揮黨工團的作用。

按規範召開會議

在酒店整個團隊中,必須嚴格地按照規章制度施行例會,並且應根據規章制度,認真召開各項專題會議,切實貫徹各項會議精神,嚴格執行會議所制定的政策。

制定規章制度

人力資源部門是主要制定並下發《關於規範酒店相關會議規範的通知》的部門,該部門所傳達的各項通知,各部門要嚴格按照規範執行,並且透過各項規定、通知瞭解本部門及相關部門的情況,以做好本部門工作及相應的協調配合工作。

遵守規章制度

每一位與會人員都必須嚴格遵守相關的各項會議制度,如注意儀表儀態、席間將手機設置為靜音模式或者關機、準時簽到參加、不得無故缺席、無特殊或緊急情況不得中途退場等相關規定。

提高「中國式會議」效率

「中國式會議」,更多的人將它與「低效率的會議」等同起來。低效率的會議的確讓人無奈。但基於溝通和決策的有效性考慮,開會在酒店管理中又是必不可少的。酒店經理最經常做的一件事情就是開會,很多與會人員對「文山會海」早已厭倦,但有些會卻又因其無可替代的重要性而不能不開。可是,據有關數據統計顯示:酒店經理開會有一半的會議時間是浪費的。那麼,高效率的會議到底該怎麼開?需要注意哪些問題?

重視會議功能

會議是傳遞訊息、溝通有無、形成決策的重要手段。團隊領導經常透過會議來徵集意見，制訂計劃；透過會議來組織工作；透過會議來協調關係和分配工作，以及透過會議來監督和掌控工作進程等。因此，重視會議功能是提高會議效率的前提。

組織溝通

透過召開會議，可以傳達上級的意圖與指示，掌握酒店的整體情況，瞭解下級的工作情況及思想動態，對於下級的動向做出及時的反饋——優秀的進行表揚，差勁的加以批評。並且，透過會議可進行部門之間的訊息交流與溝通。

方案策劃

召開會議，與會者充分溝通情況，針對目前存在的問題共同研究、探討，有助於提出解決方案，制訂下一步的工作計劃。

思想融合

透過召開會議，可以融合各種不同的見解，達成一致的思想，以指導組織的各個部分在核心思想指導下協調一致地行動，增強組織的協調性。

調節氛圍

通常有些會議並無太多與日常管理有實質性關聯的內容，而是透過會議來調節與會人員的情緒和心態，以達到某種特定的管理需求。例如：透過舉辦茶話會拉近彼此之間的距離，提高管理的效果。

樹立權威

透過會議形成的決議，常常會比單純的行政命令更具權威性。

特別提醒

「中國式會議」中常常出現議而不決、會後做出的決定與會議中形成的意見大相逕庭等情況，酒店經理人必須避免出現這些情況。我們要切實重視會議的功能，開有成效的會議。

機遇只偏愛有準備的人

一次成功的會議背後一定做過非常充分的準備工作。高效會議要求我們循序漸進、按部就班地做好會前的各項準備工作。

很多主管開會純粹是浪費時間，他們往往說「找個時間大家聚一聚，就存在的一些問題，大家聊一聊」，沒有充分的會前準備和明確的會議議題，這就是典型的「中國式會議」。團隊的領導者要確保會議的有效性，提高會議的效率，首先必須做好會前的準備工作，具體內容包括：

判斷會議的必要性

酒店的團隊領導者要節約開會時間，第一件事就是要取消並非真正需要召開的會議，確定每一次的會議都是必要的。

確定主題和時間、地點

要根據實際狀況來確定會議召開的具體主題、時間、地點，以便使參會對象提前準備充分，並且準時參加。

確定與會人員

並非所有的人員都要參加所有的會議，根據會議的類型與內容確定相關的與會人員，對提高會議效率具有重要的意義。

確定議程安排

會議前，主持人要對會議的議程做出合理的安排。會議的議題不宜安排過多，要簡單明了地通知議題。同時，所有與會人員必須遵循會議的重要原則，包括酒店的會議規章制度等。

案例

我新到一家高星級酒店擔任總經理，全面主持酒店的管理工作。有一次開會，我告訴我的參會經理：「各位管理人員，今天我將手機的鬧鐘設在了十七點半，我們十七點半散會。」他們都笑了起來，我沒有吭聲。結果到十七點半，「丁零零……」鬧鐘響起來了，會卻只開了一半。我說：「鬧鐘響了，我們散會。」這時有人說：「還有一半沒有開呢。」「我不是告訴你們到十七點半散會。各位經理，會議明天下午兩點準時接著開，散會！」

第二天，我又把手機設定在十七點半帶進去：「各位管理人員，大家好，今天我們接著昨天的會議開，十七點半散會。」每個人眼睛盯著時間，結果17：28分就結束了。

程老師建議

◇ 開會不要浪費時間。要提高會議效率，不能準時開完會也是浪費了時間。

◇ 酒店經理要做好與會前的各項準備工作。

掌握會議主持的技巧

主持會議的技巧往往會關係到會議的成敗和效率。首先，主持人需要進行的準備工作包括設定溝通目標、制訂行動計劃、預見可能的爭執等等。而在主持過程中，應當注意：

開門見山

會議的開場白一定要開門見山，簡潔明了。精彩的開場白往往可以激發與會者的興趣，吸引其注意力。開場白要讓參加會議的人提前掌握會議的目的與重點，使之有一定的思想準備，以便能更好地領會會議的精神。

自然銜接

會議的主持者在整個會議中扮演著搭橋牽線的角色，需要一定的口才和機智才能使整個會議連結成為一個有機的整體，透過主持者的組織能力和概括能力，使會議銜接自然，不至於出現尷尬、衝突等狀況。而自然的銜接不外乎承上啟下——肯定前面的，畫龍點睛；接出後面的，渲染蓄勢。

緊扣議題

主持會議的人要掌握好會議時間。為了保證在有限的時間裡取得滿意的效果，領導者要把握會議的主題，控制會議的節奏，有張有弛，使會議要儘可能地依照事先的議程進行，還要使與會者能夠充分交流意見。

積極引導

酒店經理召開會議的目的不是要將自己的意圖強加給與會者，而是要層層設問，積極引導，調動大家的積極性和參與性，啟迪與會人員思考，抓住大家共同關心的問題，拋磚引玉，廣開言路，使大家從各種不同的角度探討和發現問題、提出問題、分析問題、解決問題，達成一致的認識，推動決策執行。

善於總結

會議的過程就是一個化解分歧，統一觀念，並最終達成一致目標的過程。在會議臨近結束時，會議的主持者要善於用歸納總結的方式把會議研究的主要結果概括出來，進一步深化會議的精神，重述會議主旨，加深與會者的印象。

掌握發言的技巧

語言是與會人員之間溝通思想、交流情感、傳遞訊息、表達意圖的載體，發言者駕馭語言能力的強弱，直接關係到其發言的質量。為了能讓與會者聽明白自己的話，發言人的用詞一定要非常簡潔、清晰、形象、明瞭，要讓別人一聽就知道是什麼意思。同時，

配以恰當的肢體動作，能夠讓發言者的演講得到最為形象的體現。

語言要形象

形象化的語言比較具有立體感，使傾聽的人有「聞其聲，如見其人、如臨其境」的感覺。

案例

有一位牧師在非洲傳道。一天，他在給土著居民宣講《聖經》時，讀到這樣一句話：「你們的罪惡雖然是深紅色，但是也可以變得像雪一樣白」，牧師心想：常年生活在熱帶的土著怎麼會知道雪是什麼顏色的呢？但是他們經常吃的椰子肉卻很白。於是，他便把這一句話改成了「你們的罪惡雖然是深紅色的，但是也可以變得像椰子肉一樣白」。「雪白」很形象，但「像椰子肉一樣白」同樣形象，土著人能理解「像椰子肉一樣白」，卻對「雪白」毫無概念。聰明的牧師選擇了後者。

在案例中，牧師能夠根據當地的情況，使用形象的比喻，來讓當地人瞭解訊息。我們在進行溝通的時候，要讓溝通的對方明白自己的觀點，就需要掌握適當的語言技巧。

多用口語

用口語演講方便靈活，自然流暢，通俗易懂。因此，發言者講話時要多使用短語，儘量使用通俗的詞句，要善於用口語表達。

獨特的語言風格

發言的人要說自己的話，用自己的語言來表達，要讓自己的語言具備鮮明的個性特徵和獨特的風格，如採用「要點式」的演講：第一點......第二點......第三點......讓傾聽的人感到清晰、自然、實在，易於理解和接受。

適當的幽默

幽默感是酒店的團隊領導者應該要具備的良好的素質之一，能夠營造寬鬆和諧的氛圍，舒緩緊張的情緒，打消與會者的心理障礙，拉近與會人員的距離。

對會議實施監督

酒店經理要安排人員對與會者就各項會議的落實情況實施監督，保證會議的各項決議能夠按時按量保質實施。

會議記錄要上報

對每次召開的會議，酒店要有專門的人員負責記錄會議紀要，並將全面、系統的會議紀要上報酒店相關部門與領導。

及時傳遞

對會議中討論並確定的相關內容和決定，與會人員要及時傳遞，宣傳會議精神和會議主旨，使酒店員工能夠及時掌握酒店的各項營銷活動方案和細則，瞭解酒店的各項決策、制度。

建立會議檢查制度

僅僅召開會議，沒有檢查和反饋是不行的；否則，會議的決定是否實施，會議的精神是否傳達，這些問題就得不到保障。因此，酒店要建立會議檢查制度，並授權專門的人員負責檢查會議之後各項事宜的落實情況，確保會而有議，議而有果。例如，在會後，對酒店的PA人員、採購人員、員工宿舍的管理員、廚房的粗加工人員、夜班當班人員、當日休息人員等基層人員進行瞭解，如果他們也熟知會議的精神，那麼，說明與會人員已經將會議要求傳遞給每位員工，這次會議的召開取得了成效。

程老師建議

◇ 準確理解「言不為心，心為形役」，「言為心聲，行為心役」。

◇ 距離、動作、表情、沉默等都是較為重要的非語言溝通手段。

◇ 會議主持要把握整個會議的進程，每一環節要銜接自然。

◇ 發言要幽默、形象、生動。

◇ 機會只偏愛有準備的人，要給自己不斷充電，隨時準備著，機會會垂青於你。

◇ 會議精神的傳達者要及時傳達會議的內容與需要貫徹的政策。

案例 道理不如簡單語

孔子帶領學生周遊列國。有一次，一匹駕車的馬脫韁跑開，吃了一位農民的莊稼，這位農民就把馬給扣住了。

弟子子貢能說會道，自告奮勇去交涉，結果子貢講了一堆的大道理，說了不少的好話，農民就是不還馬，子貢只好灰溜溜地回來了。

孔子見狀，笑著說：「拿人家聽不懂的道理去遊說，就好比用高級的祭品去供奉野獸，用美妙的音樂去取悅飛鳥，怎麼行得通呢？」

於是，駕車的馬伕走到農民跟前，笑嘻嘻地說：「老兄，你不是在東海種地，我也不是在西海閒遊，我們既然碰到了一起，我的馬吃你兩口莊稼也不是什麼大不了的事情呀。」

農民聽馬伕這樣說，再看看與自己打扮相同的馬伕，覺得他說得有道理，就十分痛快地把馬還給了他。

我們與人溝通，專業語言和書面語言不是萬能的，要根據溝通對象而有所改變，上級與下級說的話，管理者與賓客說的話應該是具有相當大差別的。管理者在與下級溝通的時候要針對不同的下級

採用不同的語言表達方式，以免影響溝通效果。

本章小結

酒店中難免存在著溝通的障礙，作為酒店經理就要打破溝通的障礙，實施有效的溝通。積極的傾聽、有效地利用反饋、咬文嚼字簡化語言、學會非語言溝通，實施會議溝通，這五種實戰性的溝通技巧，可幫助酒店經理營造良好的溝通氛圍，實現富有成效的溝通。

心得體會

◎ ＿＿＿＿＿＿＿＿＿＿＿＿＿＿＿＿＿＿

◎ ＿＿＿＿＿＿＿＿＿＿＿＿＿＿＿＿＿＿

◎ ＿＿＿＿＿＿＿＿＿＿＿＿＿＿＿＿＿＿

◎ ＿＿＿＿＿＿＿＿＿＿＿＿＿＿＿＿＿＿

◎ ＿＿＿＿＿＿＿＿＿＿＿＿＿＿＿＿＿＿

◎ ＿＿＿＿＿＿＿＿＿＿＿＿＿＿＿＿＿＿

◎ ＿＿＿＿＿＿＿＿＿＿＿＿＿＿＿＿＿＿

◎ ＿＿＿＿＿＿＿＿＿＿＿＿＿＿＿＿＿＿

◎ ＿＿＿＿＿＿＿＿＿＿＿＿＿＿＿＿＿＿

◎ ＿＿＿＿＿＿＿＿＿＿＿＿＿＿＿＿＿＿

◎ ＿＿＿＿＿＿＿＿＿＿＿＿＿＿＿＿＿＿

◎ ＿＿＿＿＿＿＿＿＿＿＿＿＿＿＿＿＿＿

◎ ＿＿＿＿＿＿＿＿＿＿＿＿＿＿＿＿＿＿

酒店經理的溝通藝術

作者：程新友

發行人：黃振庭

出版者 ：崧博出版事業有限公司

發行者 ：崧燁文化事業有限公司

E-mail：sonbookservice@gmail.com

粉絲頁　　　　　　　　網址

地址：台北市中正區重慶南路一段六十一號八樓 815 室

8F.-815, No.61, Sec. 1, Chongqing S. Rd., Zhongzheng
Dist., Taipei City 100, Taiwan (R.O.C.)

電　話：(02)2370-3310 傳　真：(02) 2370-3210

總經銷：紅螞蟻圖書有限公司　　網址：

地址：台北市內湖區舊宗路二段 121 巷 19 號

電話：02-2795-3656　　傳真：02-2795-4100

印　刷 ：京峯彩色印刷有限公司（京峰數位）

定價：300 元

發行日期：2018 年 5 月第一版